INCROYABLES MERVEILLES TECHNOLOGIQUES

IGOR & GRICHKA BOGDANOV

INCROYABLES MERVEILLES TECHNOLOGIQUES

Flammarion

PRÉFACE

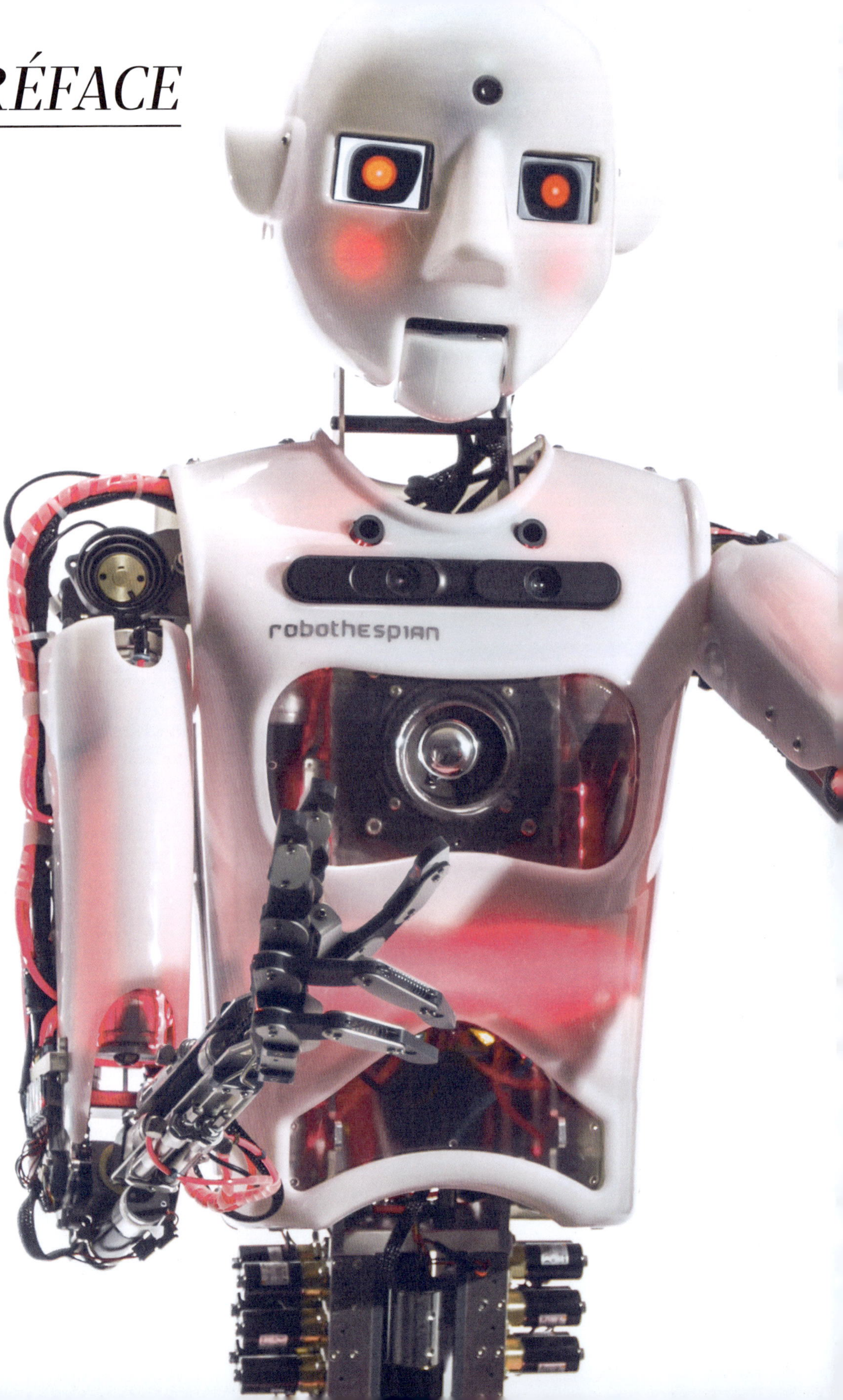

Voici 250 prouesses du génie humain !

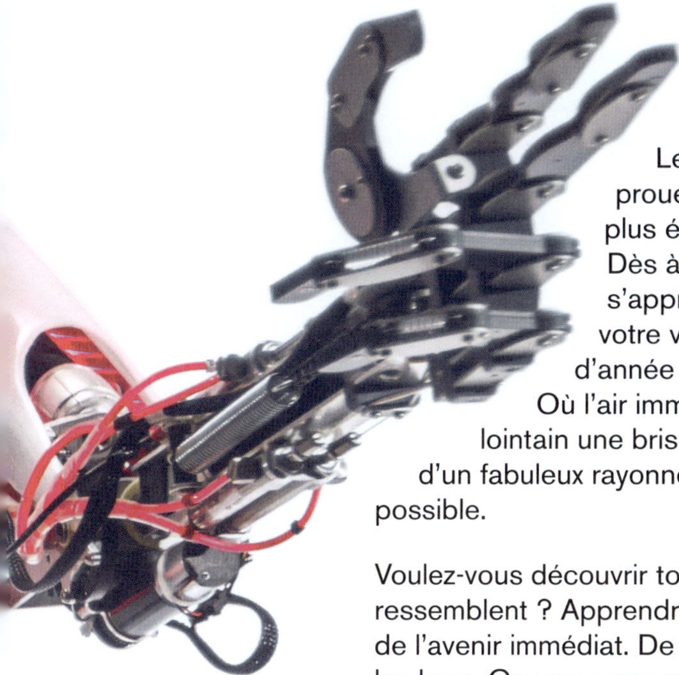

Elles sont 250 !
250 merveilles technologiques brillantes. Indispensables. Irrésistibles. Le choc du futur. 250 prodigieuses prouesses du génie humain, plus sidérantes, plus époustouflantes les unes que les autres. Dès à présent, ces merveilles scientifiques s'apprêtent à changer de fond en comble votre vie. À passer en trombe sur cette fin d'année 2018 et à filer d'un trait vers 2019. Où l'air immense apportera du fond de l'avenir lointain une brise de bonheur pour éclairer le présent d'un fabuleux rayonnement grâce auqueltout deviendra possible.

Voulez-vous découvrir toutes ces merveilles ? Voir à quoi elles ressemblent ? Apprendre à vivre avec elles ? Elles font partie de l'avenir immédiat. De votre époque. Et elles vous tendent les bras. Car sans que vous le sachiez encore, elles vous appartiennent.

Notre monde change. À toute vitesse. Tout comme notre Univers dont l'expansion s'accélère à chaque seconde sous la poussée de la mystérieuse énergie noire, l'histoire humaine s'accélère à chaque instant par la force transformatrice de quatre formidables révolutions : les révolutions numérique, énergétique, biologique et spatiale.

Entrelacées en un phénoménal treillis, dotées d'une puissance irrésistible, ces quatre grandes vagues révolutionnaires déferlent en un immense big bang mondial, soulèvent les cinq continents vers des hauteurs encore jamais atteintes. Jamais imaginées.

Le Robothespian peut deviner l'âge des gens… et leur humeur !

2018. Respirez dans le ciel grand ouvert de la modernité. Contemplez le soleil de l'évolution qui se lève sur 2019 et 2020. Certaines des merveilles que vous allez découvrir viennent de là. Mais d'autres de beaucoup plus loin. Savez-vous qu'il existe depuis peu des casques qui, une fois posés sur votre tête, permettront de lire vos pensées ? Savez-vous que, si vous le voulez, vous pouvez dès maintenant décoller à bord d'une voiture volante ? Qu'il existe des immeubles pliables ? Des casques de moto pour voir et entendre à 360° ? D'incroyables lunettes qui lisent pour vous à voix haute ? Qu'il est possible de fabriquer un pont entier sur une imprimante 3D ? Que la NASA s'apprête à lancer un satellite astronomique qui, pour la première fois, sera capable d'observer si des signes de vie existent sur des mondes lointains ? Que les premiers « transformers » sont déjà là ? Que vous pouvez glisser dans l'air sur un authentique skateboard volant ? Que vous pourrez bientôt effectuer des croisières à bord d'un dirigeable de luxe, véritable salon flottant ? Ou bien faire vos courses à bord d'une moto volante ? Qu'il existe, à l'instant où vous lisez ces lignes, une splendide voiture familiale propulsée par l'énergie solaire ?

Allons encore plus loin. Pourquoi ne pas acheter dès aujourd'hui un robot chien qui aboie ? Ou un chat doté d'intelligence artificielle ? Pourquoi ne pas faire repasser votre linge par un robot humanoïde ? Jouer avec une créature mécanique imbattable au basket-ball ? Skier comme un champion en quelques minutes grâce à une combinaison numérique ? Enfiler une chemise capable de recharger votre téléphone portable ? Savez-vous que vous pouvez acquérir une force surhumaine et soulever des poids de plusieurs centaines de kilos comme des fétus de paille, déplacer à la main une voiture ou démolir un mur, tout cela grâce à un exosquelette ? Avez-vous appris que la cape d'invisibilité existe vraiment ?

En bref, avez-vous conscience que le futur est déjà là, tout autour de vous ?

Nous vous proposons dans ce livre un guide du futur au présent. Pour remonter aux sources du bonheur humain. Pour réussir un mariage harmonique entre la nature et la culture. Entre vous et la science.

La navette autonome Renault EZ-GO peut accueillir jusqu'à 6 passagers.

Avez-vous conscience
que le futur est déjà là,
tout autour de vous ?

Bienvenue à tous dans cet avenir radieux où, désormais, tout est possible !

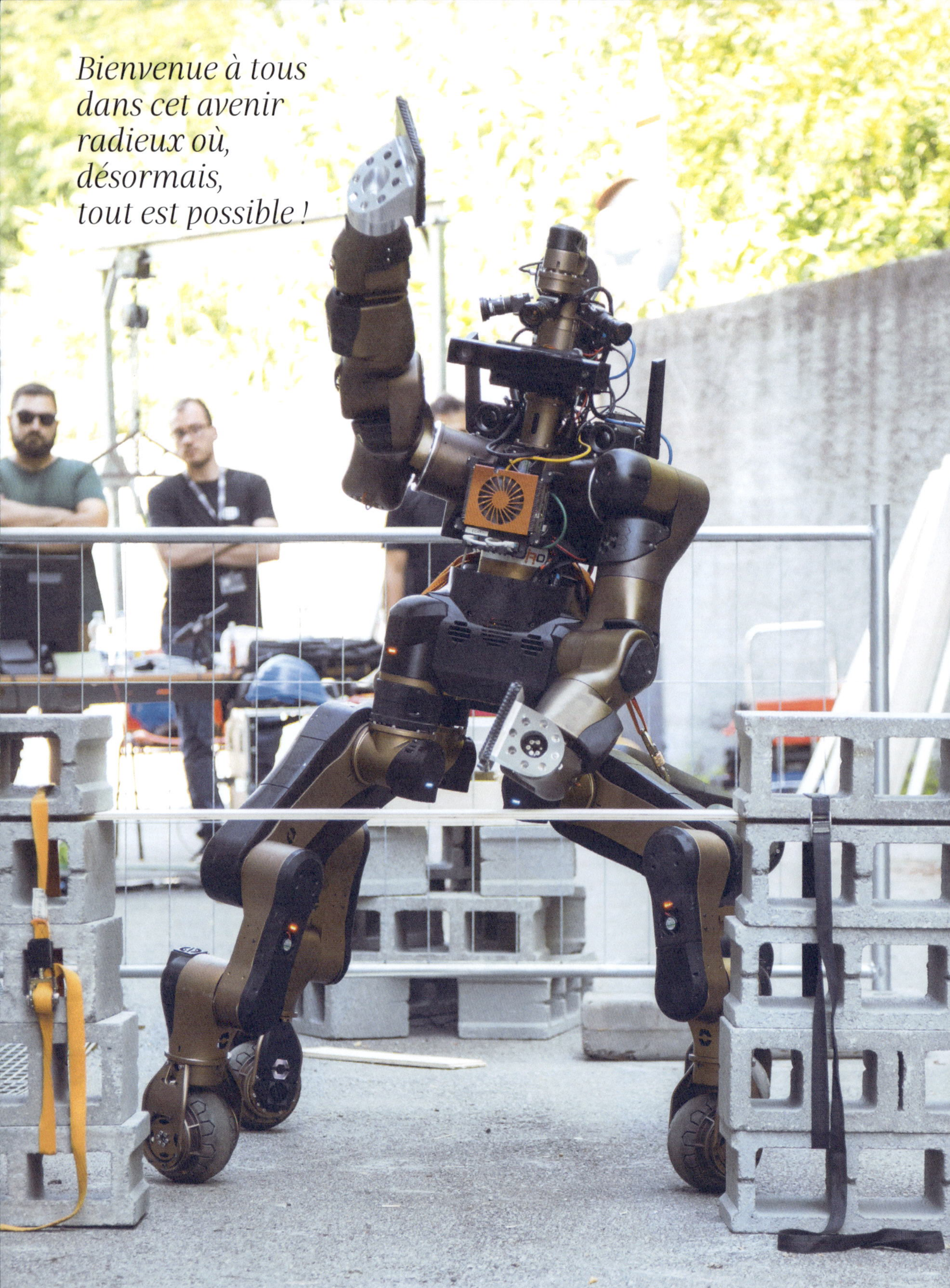

Au fil des pages, vous allez entrer dans un monde fascinant, mais encore inconnu. Un monde qui, à bien des égards, semble issu de l'imagination surchauffée d'un auteur de science-fiction. Chaque jour surgissent ici et là de nouvelles merveilles technologiques à couper le souffle. Des objets inouïs, de plus en plus intelligents, de plus en plus connectés et autonomes, qui dépassent nos espérances les plus folles. Or, 90 % de ces objets nous sont encore inconnus. Et 90 % des choses qui vont changer pour toujours notre vie quotidienne n'existent pas encore.

L'ouvrage que vous tenez entre les mains est une sorte de boussole. Son but ? Vous indiquer la direction de l'avenir. Mieux encore, il s'agit d'un véritable GPS temporel, qui va vous montrer quel chemin prendre pour accéder tout de suite, maintenant, au monde de demain. Pour cheminer à quelques années d'ici avec un immense plaisir, sans jamais vous perdre. Pourquoi donc rester dans le passé ? Pourquoi ne pas avancer ? Sans le savoir, vous êtes déjà en 2020. En 2030. Et encore plus loin. Dans le futur du présent. Nous vous invitons donc à faire dès aujourd'hui un pas dans l'avenir. À devenir pleinement contemporain de votre époque. À suivre ces lumineuses lignes d'avenir qui se confondent avec les lignes d'Univers.
Le vent de l'histoire passe par là. Là où vous êtes à cet instant. Et justement : vous allez découvrir que le futur n'est pas un territoire abstrait, perdu à l'horizon inaccessible d'une histoire encore non écrite. Sans que vous en ayez toujours conscience, selon la forte parole d'Einstein, le futur existe déjà. Et il n'est pas réservé seulement aux scientifiques.

Notre slogan – désormais le vôtre – c'est que le futur appartient à tous ! Et ce livre-GPS va vous permettre non seulement de l'explorer, mais, au-delà, de vous l'approprier. De devenir l'acteur de ce monde merveilleux qui émerge des laboratoires. De surfer à la pointe de l'histoire. De ressentir le bonheur de vivre au début du XXIe siècle. Oui, le futur appartient à tous !

Autrefois, dans nos émissions télévisées, nous répétions que dans l'avenir, rien n'est impossible.

Alors bienvenue à tous dans cet avenir radieux où, désormais, tout est possible !

Le robot Centauro a été conçu pour porter secours lors de catastrophes naturelles. Il se compose d'une base à quatre pattes et d'un torse anthropomorphe. Ci-contre, il fait une démonstration de force en cassant des morceaux de bois avec son avant-bras tel un karatéka.

La plus grande serre écologique du monde consacrée à l'étude de la diversité de la vie végétale ainsi qu'à la protection des espèces menacées de disparition sera édifiée d'ici à 2020 en plein cœur du sultanat d'Oman. La construction de cet extraordinaire « Oman Botanic Garden » a commencé en 2018. Le défi consiste à concevoir 8 habitats dont la végétation et les climats sont très différents les uns des autres. Cet ensemble écologique unique au monde comprendra entre autres une immense forêt verte, ainsi que de vastes installations destinées à la recherche.

« La mémoire du futur »

Qui
ne l’a vu
ne pourrait
le croire

Marco Polo,
Le Livre
des merveilles

Socibot est un robot sociable, conçu pour une interaction humain-robot personnelle et intime.

ocibo
DIGIKEY.CO.UK
DIGIKEY.CO.UK
DIGIKEY.CO.UK
DIGIKEY.CO.UK

DÉCOLLAGE VERTICAL / VTOL

Comme on le découvrira dans les pages qui suivent, l'avenir du transport aérien passe par la mise au point d'appareils capables de décoller et d'atterrir verticalement sans faire appel aux infrastructures lourdes des pistes classiques d'aéroports. D'ici à 2025, l'objectif consiste à répondre au besoin grandissant de mobilité urbaine grâce à une nouvelle génération d'appareils légers : place à la nouvelle famille des VTOL !

TRIFAN 600

CONCEPTEUR : XTI AIRCRAFT CORP

PAYS : ÉTATS-UNIS

LANCEMENT : NC

Conjuguant des technologies avancées et éprouvées, cet avion à six places à décollage et atterrissage verticaux est conçu pour voler aussi vite, aussi loin et aussi haut que n'importe quel avion d'affaires. Son profil aérodynamique évoque celui d'un avion élégant propulsé par 3 rotors orientables. Le TriFan 600 décolle verticalement et quelques minutes plus tard, les deux rotors installés dans les ailes basculent vers l'avant pour une transition sans heurts vers le vol à grande vitesse. Trifan 600 peut atteindre son altitude maximale de 8 840 mètres (celle d'un avion de ligne) en seulement 11 minutes !

Les performances de cet appareil au profil élégant n'ont rien à envier à celles d'un avion d'affaires classique : propulsé par des moteurs électriques hybrides, il est conçu pour atteindre une vitesse maximale de 550 km/h tandis que son rayon d'action dépasse les 1000 km.

La mobilité d'un hélicoptère combinée aux performances d'un avion d'affaires.

MOLLER SKYCAR 200

CONCEPTEUR : PAUL MOLLER

PAYS : ÉTATS-UNIS

LANCEMENT : NC

Conçu à l'origine pour des applications militaires, le Skycar 200 est un avion VTOL léger et à 2 passagers, hybride électrique/éthanol. Cet engin est capable d'atteindre des vitesses allant jusqu'à 386 km/h, et sa conception intègre de multiples systèmes redondants (moteur et ordinateur de bord multiples pour faire face aux pannes), ainsi qu'une interface de commande de vol (FCS) qui élimine une partie importante de la complexité technique du pilotage. Selon Paul Moller, même un pilote novice pourrait maintenir un contrôle précis sur l'avion pendant le vol.

MOLLER NEUERA 200

CONCEPTEUR : PAUL MOLLER

PAYS : ÉTATS-UNIS

LANCEMENT : NC

Voici une nouvelle catégorie d'aéronef baptisé « volantor » et dont le Neuera serait le tout premier spécimen. Cet avion de loisir purement récréatif pour 2 personnes à faible coût peut fonctionner à des dizaines de mètres au-dessus de toute surface : terre, eau, sable, neige, marécage ou prairies. Il a les capacités d'un hélicoptère. Enfin, il utilise une intelligence artificielle de dernière génération pour surveiller, contrôler et maintenir la stabilité de l'engin tout en étant facile à piloter.

MOLLER SKYCAR M400

CONCEPTEUR : PAUL MOLLER

PAYS : ÉTATS-UNIS

LANCEMENT : NC

Le Skycar 400 est la 5e génération d'avions VTOL développée par le Dr Paul Moller qui combine les capacités d'un avion à grande vitesse avec les capacités de décollage et d'atterrissage vertical d'un hélicoptère. Ses hélices fournissent ascension verticale et propulsion horizontale sans les dangers habituels des pales de rotor. Dans un avenir proche, le Skycar M400 sera autonome grâce à des systèmes évolués de reconnaissance de l'environnement et de positionnement précis (le système HITS, Highway-in-the-Sky) ainsi qu'un contrôle automatisé du trafic aérien.

Ci-contre, le Dr Paul Moller, un ingénieur en aéronautique passionné par les VTOL, pose à côté de ses prototypes qui sont tous opérationnels.

De petites aires d'atterrissage au cœur des villes vous permettront d'entrer rapidement dans un avion et de vous rendre où bon vous semble… à la vitesse de l'éclair !

LE CONCEPT LILIUM JET

CONCEPTEUR : LILIUM AVIATION

PAYS : ALLEMAGNE

LANCEMENT : 2025

Cet « avion concept » symbolise l'ambition à moyen terme de la société allemande Lilium Aviation : voyager cinq fois plus vite qu'une voiture en milieu urbain grâce à un taxi aérien entièrement électrique pouvant accueillir jusqu'à 5 personnes. Vous n'aurez pas besoin d'en être propriétaire : vous l'appellerez en appuyant simplement sur un bouton digital, et comme dans un véritable taxi vous ne payerez que le trajet.

Les ingénieurs de Lilium Aviation parviendront-ils à rendre les taxis aériens accessibles à tous et aussi abordables qu'une voiture ? Réponse page suivante avec le décollage (vertical, il va sans dire) de leur tout premier prototype !

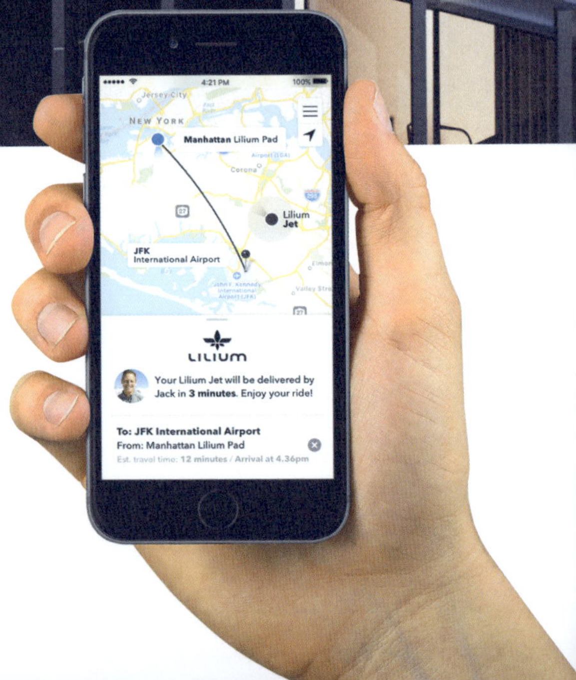

LILIUM

LE PROTOTYPE LILIUM JET EAGLE

CONCEPTEUR : LILIUM AVIATION

PAYS : ALLEMAGNE

LANCEMENT : 2017/2018

Voici le premier prototype dérivé de l'étonnant concept d'avion-taxi de la société allemande Lilium aviation présenté sur les pages précédentes : le Lilium Jet Eagle. Les premiers essais du tout premier avion électrique à décollage vertical ont donné pleine satisfaction à ses constructeurs, puisque ce bijou peut déjà atteindre une vitesse maximale de 300 km/h. Très léger, l'appareil ne pèse que 440 kg soit deux fois moins qu'une petite voiture urbaine ! Il est alimenté par 36 moteurs électriques à réaction (propulsion de l'aéronef par l'arrière) montés sur les ailes. Les nombreux flux d'air sont éjectés par de petites tuyères qui sont défléchies et orientées selon le souhait du pilote par 12 volets mobiles. Au décollage, les volets du Lilium Jet sont dirigés vers le bas afin de créer une portance verticale. Une fois en l'air, les volets s'inclinent progressivement vers l'horizontale, produisant une poussée vers l'avant. Lorsque les volets sont en position horizontale, la portance est alors engendrée par l'écoulement du vent relatif sur l'extrados de l'aile – comme sur un avion conventionnel.

Un véritable avion-taxi entièrement électrique avec une propulsion à réaction…

L'Eagle combine les avantages d'un VTOL offerts par les hélicoptères ou les drones avec la vitesse et la portée d'un avion à réaction.

TAXI VOLANT DE UBER

CONCEPTEUR : UBER

PAYS : ÉTATS-UNIS

LANCEMENT : 2023

Uber figure parmi les plus fervents défenseurs du taxi aérien. La célèbre entreprise de transport de personnes vient de dévoiler le véhicule qu'elle espère réaliser. Le concept est tout électrique, et peut accueillir 4 passagers plus un pilote dans un fuselage doté de grandes baies vitrées. Le design, qui rappelle celui d'un catamaran, présente des nacelles profilées suspendues de chaque côté, sur des supports très effilés qui contiennent les batteries. Au sommet de chaque support, des rotors fixes assurent la poussée verticale pour le décollage et l'atterrissage. À l'arrière, une hélice assurera le vol horizontal à plus de 209 km/h. La commercialisation et la mise en service de ce réseau de taxis aériens sont prévues selon Uber pour 2023.

N301XZ

CORA

CONCEPTEUR : KITTY HAWK CORPORATION

PAYS : ÉTATS-UNIS

LANCEMENT : 2018

Contrairement au Lilium Jet de la page précédente dont les différentes phases de vol (décollage vertical et translation) sont assurées par des rotors orientables, Cora dispose de 13 moteurs fixes. Alimentés par des batteries lithium-ion, les 12 rotors répartis sur les ailes assurent le décollage et l'atterrissage durant les phases de vol vertical. Quant au vol horizontal, il est assuré par un grand rotor de queue situé à l'arrière. Grâce à ce système, Cora peut voler à 200 km/h sur une distance d'environ 200 km avec 3 personnes à son bord.

BELL AIR TAXI, LE TAXI VOLANT AUTONOME

CONCEPTEUR : BELL CORPORATION

PAYS : ÉTATS-UNIS

LANCEMENT : NC

Printemps 2018 : le célèbre constructeur d'hélicoptères Bell dévoile le projet de son futur taxi des airs dont il n'expose, pour l'instant, que la cabine. Compte tenu de l'ergonomie de cette cabine, tout laisse à penser qu'elle sera suspendue à un rotor principal et prolongée horizontalement par un fuselage, le tout évoquant un hélicoptère d'un genre nouveau. Les éléments dévoilés par les ingénieurs sur le futur Bell Air Taxi comprennent, entre autres, une propulsion hybride, un nouveau système anti-couple sans rotor arrière, des pales de rotor de forme changeante, une utilisation intensive du verre dans le fuselage, des portes coulissantes ainsi que l'utilisation de la réalité augmentée dans le cockpit pour contrôler l'appareil. Les performances ainsi que les capacités de cet appareil n'ont pas encore été rendues publiques.

La cabine du futur taxi des airs imaginé par Bell sera entièrement connectée et tournée vers le confort ultime des passagers.

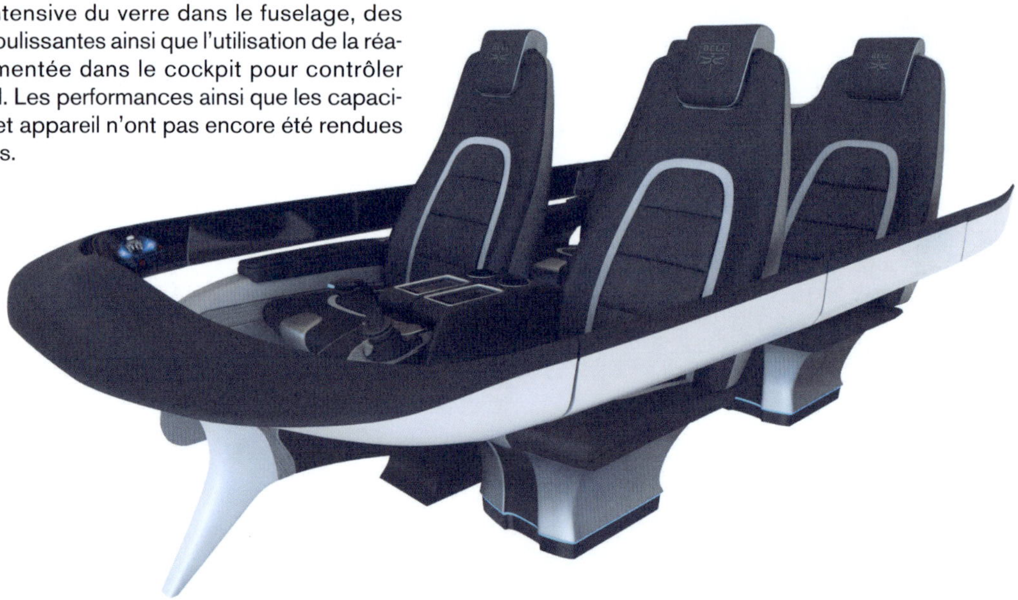

FLEXCRAFT

CONCEPTEUR : FLEXCRAFT CORP

PAYS : PORTUGAL

LANCEMENT : NC

Vous rêvez de traverser la France dans un silence parfait après avoir décollé de votre jardin ? Dans ce cas, bienvenue à bord de Flexcraft, un appareil VTOL qui devrait être mis en service vers 2025. La conception du Flexcraft repose sur un groupe motopropulseur hybride électrique pour la propulsion des 2 rotors situés dans les ailes pour permettre le vol vertical. Après le décollage, le vol horizontal est assuré par un rotor fixé à l'extrémité de l'empennage. La cabine sera flexible et modulaire selon les différentes missions envisagées.

Ce « minibus de l'air » vous mènera vers le 7e ciel...

De conception élégante et raffinée, cet appareil qui ne nécessite qu'un seul pilote pourra transporter jusqu'à 8 passagers sur une distance de 920 km.

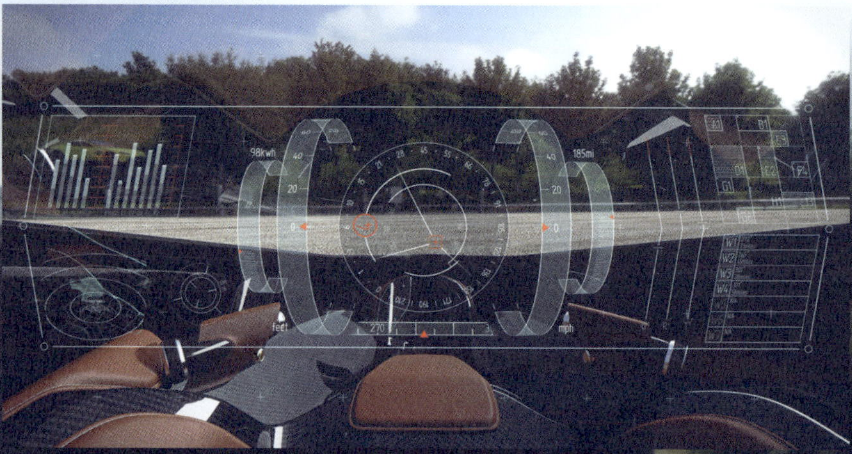

VOLANTE VISION, LE TAXI URBAIN D'ASTON MARTIN

CONCEPTEURS : ASTON MARTIN, UNIVERSITÉ DE CRANFIELD, CRANFIELD AEROSPACE SOLUTIONS ET ROLLS-ROYCE

PAYS : GRANDE-BRETAGNE

LANCEMENT : NC

Les habitants des grandes villes passent en moyenne une heure dans les trajets pour se rendre au travail et en revenir. La distance qui nous sépare de notre lieu de travail a été déterminée par les méthodes de transport disponibles. C'est pourquoi le concept Volante Vision nous propose d'aller plus vite dans nos déplacements quotidiens, pour vivre mieux et plus loin de notre lieu de travail. La marque de luxe britannique Aston Martin a ainsi imaginé un concept de taxi volant « de luxe » avec l'université britannique de Cranfield, Cranfield Aerospace Solutions et le fabricant de moteurs Rolls-Royce. Avec de la place pour 3 adultes, un déplacement autonome n'impliquant pas de savoir piloter et des équipements dignes d'une voiture de sport.

G-AMLV

HOPFLYT VENTURI

CONCEPTEUR : HOPFLYT VENTURI CORP

PAYS : ÉTATS-UNIS

LANCEMENT : NC

HopFlyt Venturi est le seul appareil équipé d'ailes à incidence variable. Selon son orientation, cet appareil peut soit décoller verticalement, soit voler à l'horizontale à grande vitesse (environ 400 km/h). Il est propulsé par des moteurs électriques à haut rendement. Durant la phase de décollage vertical, la technologie de voilure à incidence variable permet de bénéficier de l'effet de sol et d'obtenir une portance maximale en vol stationnaire. Ceci réduit considérablement la consommation d'énergie de la batterie. La combinaison de ces technologies réduit également la complexité mécanique en supprimant les éléments mobiles de contrôle de vol traditionnels (c'est-à-dire les ailerons, les flaps, le trim, les gouvernes de profondeur et de direction ainsi que les volets). Cela diminue le poids, améliore la fiabilité et simplifie la maintenance tout en permettant à l'avion de décoller et d'atterrir verticalement.

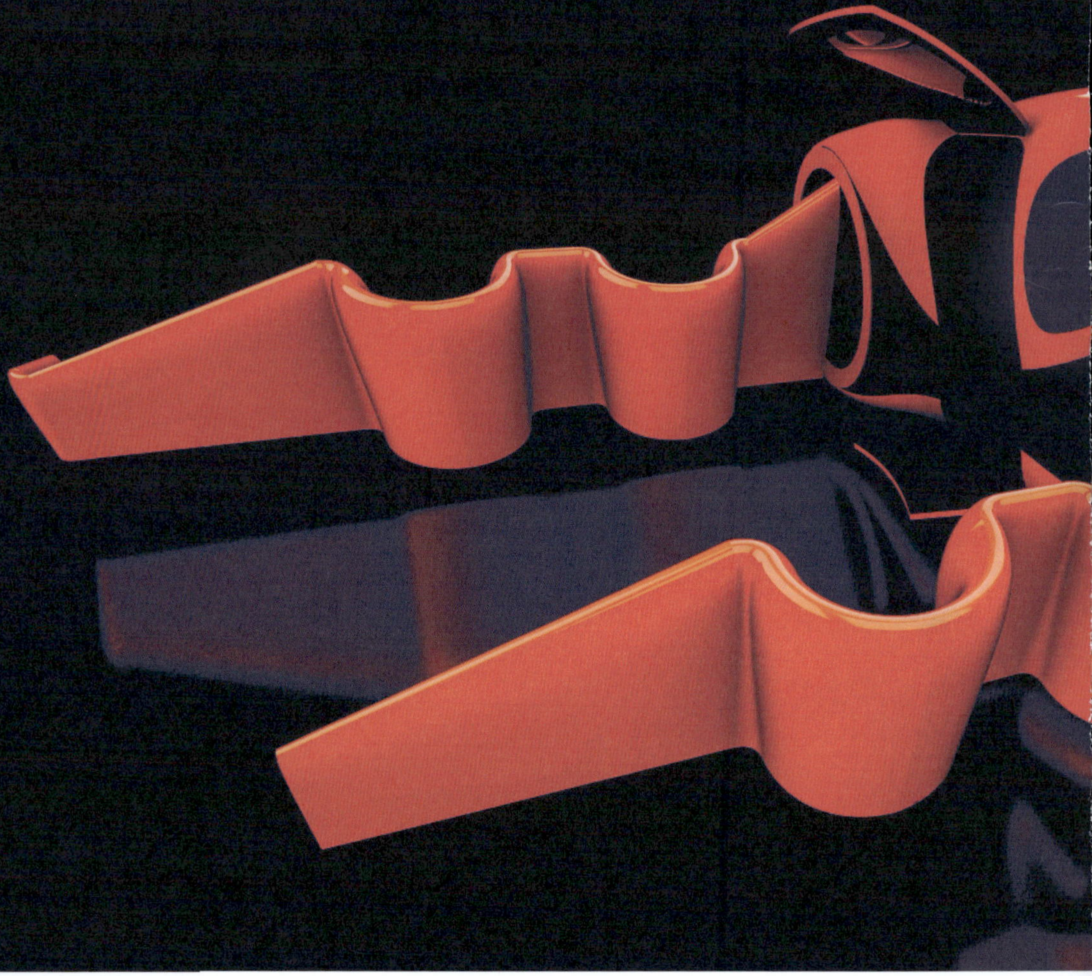

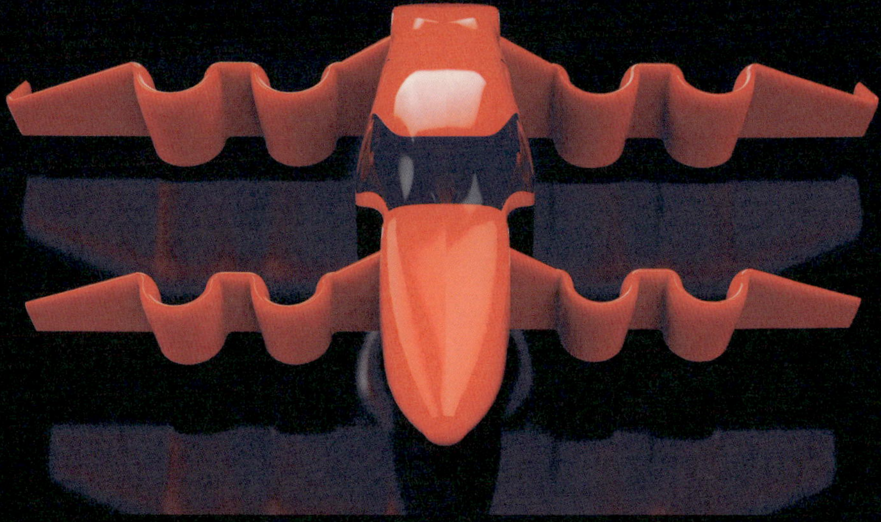

Quatre moteurs propulsant des hélices contrarotatives viendront se loger dans les ailes de l'appareil.

Grâce à HopFlyt Venturi, le temps perdu dans les embouteillages ne sera plus qu'un mauvais souvenir...

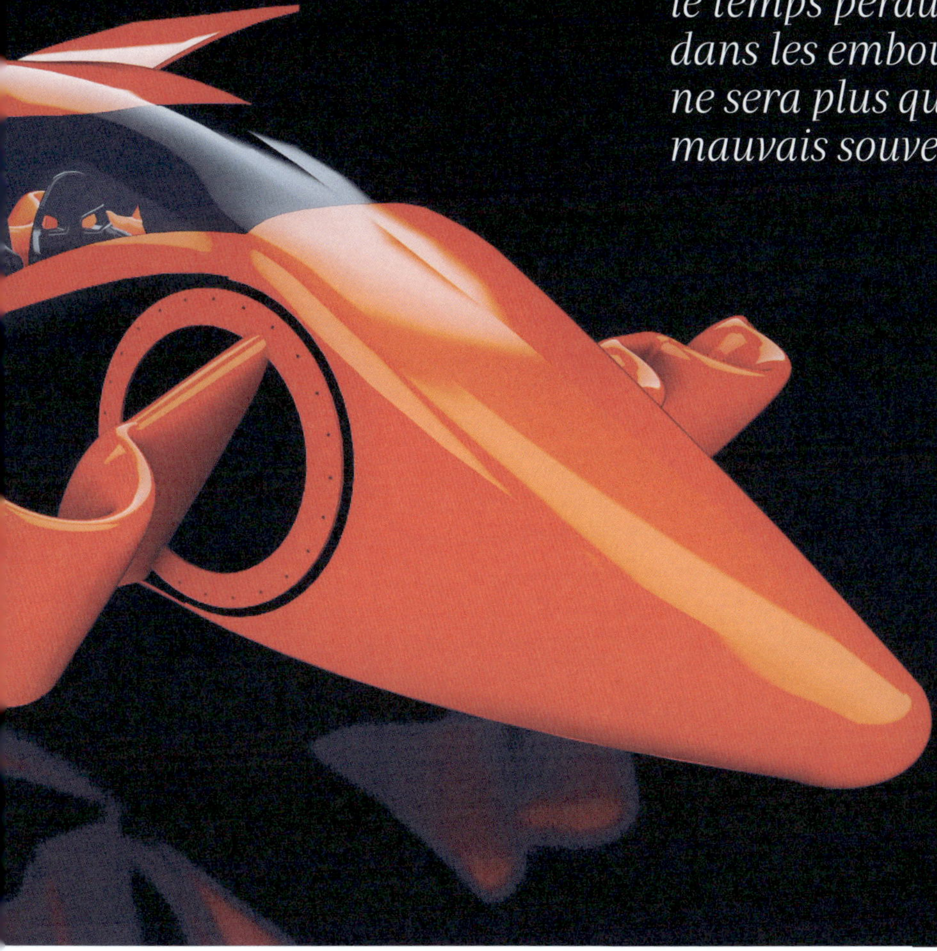

LE VIMANA VTOL

CONCEPTEUR : VIMANA

PAYS : RUSSIE

LANCEMENT : NC

Vimana Global travaille depuis plusieurs années sur des modèles de véhicules aériens autonomes (AAV) à décollage et atterrissage verticaux (VTOL) avec des ailes inclinables à l'avant et à l'arrière, chacune dotée de 4 hélices électriques actionnées par des moteurs électriques ou hybrides électriques. Les AAV visent à contrer la congestion routière dans les zones urbaines en utilisant l'espace aérien pour déplacer les marchandises dans une ville, transporter des passagers et permettre aux usagers de se rendre rapidement sur leur lieu de travail ou à leurs rendez-vous.

Tout comme le HopFlyt Venturi, le Vimana fait appel à la même technologie d'ailes à incidence variable. Cette solution permet d'augmenter la sécurité, tout en réduisant considérablement la consommation d'énergie.

VERDEGO AERO PAT200

CONCEPTEUR : VERDEGO AÉRO INC

PAYS : ÉTATS-UNIS

LANCEMENT : NC

Il fallait être le petit-fils de Charles Lindbergh, le premier pilote à avoir accompli l'exploit de traverser l'Atlantique Nord en 1927, pour se lancer dans la construction d'un appareil susceptible de décoller verticalement et de transporter ses passagers au-dessus du trafic et des embouteillages.

Tout comme HopFlyt et Vimana, l'appareil d'Erik Lindbergh fait appel à la technologie de voilure à incidence variable qui permet de bénéficier d'une stabilité maximale lorsque l'appareil maintient son altitude sans se déplacer.

Le PAT200 est conçu pour transporter 2 passagers pour des liaisons ne dépassant pas 50 km.

Offrez-vous le ciel grâce à Erik Lindbergh, le petit-fils du légendaire Charles Lindbergh, pionnier de l'aviation.

Équipé par 8 moteurs électriques hybrides, cet appareil en cours de conception est prévu pour des liaisons ne dépassant pas 20 minutes de vol. Il pourra être utilisé aussi bien comme avion-taxi que comme ambulance ou engin de surveillance.

VOLOCOPTER

CONCEPTEUR : E-VOLO

PAYS : ALLEMAGNE

LANCEMENT : 2022

Place au Volocopter. Avec cet hélicoptère d'un genre nouveau, le disque rotor est remplacé par 18 moteurs électriques fixés sur la circonférence du disque. Grâce à ce dispositif, l'appareil sera en mesure de décoller et d'atterrir à la verticale. Il pourra transporter 2 passagers sur de courtes distances. Sa vitesse n'excédera pas 50 km/h pour un temps de vol maximal de 30 minutes. Selon ses constructeurs, cet appareil sera essentiellement utilisé en milieu urbain pour apporter des solutions aux problèmes grandissants de circulation au sol.

La voilure tournante classique qui permet le vol vertical et horizontal des hélicoptères est remplacée ici par un disque rotor fixe équipé de 18 petits moteurs électriques.

Un hélicoptère léger d'un genre nouveau.

SKYPOD

CONSTRUCTEUR : SKYPOD AEROSPACE CORP

PAYS: ÉTATS-UNIS

LANCEMENT : NC

Au mois de janvier 2018, la société Skypod a dévoilé un engin étonnant : un hélicoptère dont le disque rotor principal est remplacé par 6 petits disques carénés à l'intérieur desquels sont installés les rotors de sustentation et de propulsion. Cette technologie a pour avantage de supprimer l'hélice anti-couple ainsi que de réduire l'encombrement du fuselage.

Selon ses constructeurs, cet engin muni de moteurs électriques sera capable d'emporter 5 passagers à une vitesse de 200 km/h. Son autonomie dépassera les 2 heures.

AIRISONE

CONCEPTEURS : CHARLES BOMBARDIER, IMAGINACTIVE ET RAY MATTISON

PAYS : CANADA / ÉTATS-UNIS

DATE : NC

L'AirisOne est un avion électrique à décollage et atterrissage verticaux conçu pour transporter 5 passagers dans le secteur émergeant du transport aérien urbain. Quoi de plus banal, nous direz-vous, au milieu d'un tel chapitre ? Pourtant, au-delà de son design futuriste, il offre une première dans l'industrie : un accès par rampe pour les personnes en fauteuil roulant ou ayant besoin d'accessoires médicaux ! Au décollage, le vol vertical est rendu possible grâce à des hélices contrarotatives mesurant 3,6 m de diamètre, optimisées pour réduire au minimum le bruit. Puis, une fois que AirisOne atteint la bonne altitude, il se propulse vers l'avant grâce à de puissantes turbines électriques. Celles-ci s'articulent en effectuant une transition du mouvement vertical au mouvement horizontal.

AURORA

CONCEPTEUR : BOEING

PAYS : ÉTATS-UNIS

LANCEMENT : 2020

Voici un appareil à décollage et atterrissage verticaux dont le principe repose sur un compromis entre le plan fixe des ailes qui évoquent celles d'un avion et des petits rotors installés le long de la carlingue. Fixés sur deux rampes de part et d'autre de l'habitacle, 8 rotors assurent la poussée verticale nécessaire au moment du décollage et de l'atterrissage. Un rotor fixé à l'arrière de l'appareil assure la poussée horizontale pour le vol de croisière. Aurora peut atteindre une vitesse de 220 km heures avec 2 passagers à bord.
Le fonctionnement entièrement électrique diminue ou élimine les émissions et la pollution sonore pour un vol presque silencieux.
Bien qu'initialement prévu avec un pilote, Aurora est également conçu pour des opérations entièrement autonomes.

Les premiers vols d'essais d'Aurora sont prévus en 2020 à Dallas et à Dubai.

Airbus, un géant de l'aéronautique, lancé dans la course aux taxis aériens à décollage vertical.

VAHANA

CONCEPTEUR : AIRBUS

PAYS : ÉTATS-UNIS

LANCEMENT : 2020

Bien davantage qu'un projet dans les cartons de ses concepteurs, le Vahana a réussi son premier vol d'essai le 31 janvier 2018. Selon les responsables de ce projet d'avions-taxis à décollage vertical, l'objectif est de concevoir et de construire un VTOL entièrement électrique piloté par un seul pilote. Afin de permettre le décollage et l'atterrissage verticaux ainsi que le vol en translation horizontale, Airbus a opté pour la technologie de l'aile à incidence variable. Quatre moteurs électriques sont fixés sur les ailes dont l'incidence peut varier de 90°. Cet appareil devrait assurer des liaisons ne dépassant pas 150 km à une vitesse d'environ 200 km/h. Il est prévu pour embarquer 4 passagers.

L'objectif d'Airbus est de répondre au besoin croissant de mobilité urbaine et de proposer les premiers vols commerciaux de Vahana dès 2020.

MOBI ONE

CONCEPTEURS : DÉTROIT AIRCRAFT INC ET ASX CORP

PAYS : ÉTATS-UNIS

LANCEMENT : 2026

Les progrès récents dans la propulsion électrique, l'automatisation et les matériaux légers rendent désormais possible le développement de cette nouvelle classe d'avions. Selon ses concepteurs, Mobi One offrira une mobilité aérienne propre, silencieuse et connectée au grand public à un prix abordable. Propulsé par 6 moteurs électriques montés sur des ailes orientables, Mobi One est prévu pour embarquer 4 passagers à une vitesse de 180 km/h. Son rayon d'action sera d'environ 100 km.

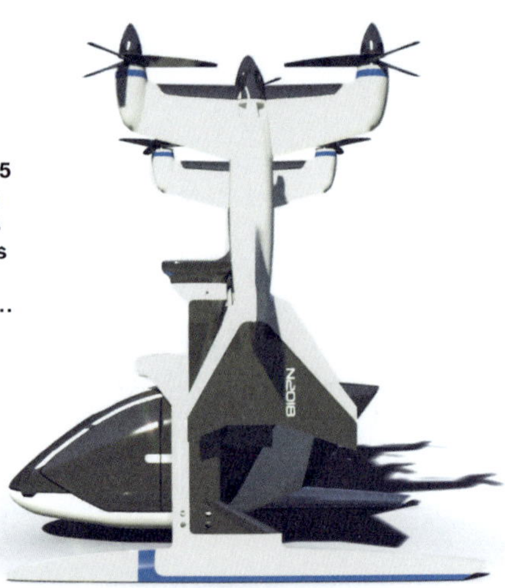

L'objectif du projet Mobi 2025 est l'installation de 2 500 avions dans les 50 plus grandes villes des États-Unis… avant 2026 !

JAXA HORNISSE

CONCEPTEUR : JAXA

PAYS : JAPON

LANCEMENT : NC

La conception du Jaxa Hornisse, dont le premier vol a été accompli sur un modèle réduit, diffère de la plupart de ses concurrents. La voilure est fixe ainsi que les 6 rotors électriques installés sur l'appareil. Quatre rotors installés de part et d'autre du fuselage assurent la sustentation verticale tandis que 2 rotors fixés à l'extrémité des ailes assurent la propulsion horizontale. Cet appareil est prévu pour transporter deux passagers à une vitesse de 200 km/h.

Le Japon se lance à son tour dans la course aux avions-taxis à décollage vertical.

L'innovation de cet appareil consiste en une voilure entièrement fixe de même que son système de sustentation et de propulsion. Selon ses concepteurs, cette technologie permet d'augmenter la sécurité tout en réduisant les coûts d'exploitation.

Un monocoque élégant
qui allie fiabilité et efficacité.

DELOREAN DR-7

CONCEPTEUR : DELOREAN AEROSPACE INC

PAYS : ÉTATS-UNIS

LANCEMENT : NC

Le DR 7 est un appareil monocoque conçu pour des performances très honorables dans tous les domaines de vol. Le pilote et son passager, en tandem, auront une vitesse de croisière de 250 km/h. Le DR 7 est propulsé par 2 rotors électriques orientables.

385 km/h
Vitesse maximale

2,3 m
Largeur repliée

6,1 m
Longueur

La Delorean volante vous invite à un retour vers le futur.

Y6S AUTONOMOUS FLIGHT

CONCEPTEUR : MARTIN WARNER

PAYS : GRANDE-BRETAGNE

LANCEMENT : NC

Propulsé par 3 rotors électriques orientables, le Y6S permettra d'embarquer un pilote et un passager. L'objectif de ses concepteurs est de vendre cet appareil pour un prix comparable à celui d'une petite voiture.

113 km/h

Vitesse maximale

450 m

Altitude de croisière

130 km

Rayon d'action

DUFOUR AERO 2

CONCEPTEUR : DUFOUR AEROSPACE

PAYS : SUISSE

LANCEMENT : NC

Cet appareil utilise le concept éprouvé de voilure orientable qui offre une stabilité et un contrôle exceptionnels, même en vol très lent. Un rotor de queue assure le contrôle du tangage en vol stationnaire et garantit la stabilité de l'appareil contre les rafales de vent. Quatre moteurs électriques (deux de chaque côté) assurent la sécurité du vol, chaque moteur pouvant temporairement fournir deux fois la puissance nécessaire pour maintenir une capacité de vol stationnaire en cas de panne. Selon ses concepteurs, le flux d'air laminaire autour de l'aile rend le Y6S moins vulnérable que n'importe quel autre appareil à l'état d'anneau de vortex, au vent fort et aux conditions de rafales en vol stationnaire. Dufour Aerospace affirme que les premières liaisons commerciales pourront avoir lieu dès 2025.

La visibilité imbattable de l'Y6S permet d'opérer en toute sécurité dans les zones encombrées et offre aux 3 passagers une vue magnifique.

AVIONS

Les avions sont aux VTOL ce que les trains furent aux voitures au début du XXe siècle : un mode de transport collectif lourd, mais fiable et confortable, qui continuera à se moderniser lentement mais sûrement…

STRATOLAUNCH, LE PLUS GRAND AVION DU MONDE

CONCEPTEUR : STRATOLAUNCH SYSTEMS

PAYS : ÉTATS-UNIS

LANCEMENT : 2019/2020

Le stratolaunch à double corps possède la plus grande envergure du monde, soit 117 m. Il supporte six turbopropulseurs et pèse 227 t, ce qui lui permet de porter plus que son poids en charge utile. Le but est de lui faire transporter des lanceurs de fusées et des satellites à destination de l'orbite terrestre basse. Un tel déploiement à partir d'un avion en mouvement a pour avantage de réduire drastiquement le risque d'annulations de tir ou de retards dus aux intempéries.

L'AVION-CARGO QUI FAIT DORTOIR

CONCEPTEURS : AIRBUS ET ZODIAC AEROSPACE

PAYS : ALLEMAGNE

LANCEMENT : 2020

Airbus développe et commercialise des modules de pont inférieur avec des couchettes pour les passagers. Ces modules ont été conçus pour s'intégrer à l'intérieur des compartiments de fret, mais ils peuvent être remplacés pour s'adapter à chaque avion, et plus étonnant encore, aux besoins de chaque vol. Les premiers espaces proposés aux compagnies aériennes dès 2020 comprennent un salon, un dispensaire, une zone réservée aux enfants et aux familles, et une salle de conférences.

SKYLIGHTS, VIRTUALISER LE COCKPIT DES AVIONS

CONCEPTEUR : SKYLIGHTS

PAYS : ÉTATS-UNIS

LANCEMENT : 2019

SkyLights souhaite transformer l'expérience marketing des passagers de 1re classe pendant les vols commerciaux avec une solution de divertissement en 2D, 3D et 180°. Exploitant les toutes dernières évolutions des casques de réalité virtuelle, ce dispositif vous offre le temps d'un vol votre propre salle de cinéma privée. L'expérience serait similaire à celle d'un écran grand-angle IMAX ! Parallèlement à cela, le casque antibruit garantit une sensation d'immersion complète.

HSP MAGNAVEM, LE SUPERSONIC ÉLECTRIQUE

CONCEPTEUR : OSCAR VIÑALS

PAYS : ESPAGNE

LANCEMENT : NC

L'ingénieur et designer industriel espagnol Oscar Viñals propose un concept révolutionnaire d'avion supersonique à zéro émission : le HSP Magnavem. La propulsion serait assurée par un réacteur à fusion miniaturisé, le « CFR-portable ». Ce dernier pourrait délivrer d'impressionnantes quantités d'énergie électrique sans aucune pollution et en toute sécurité – du moins selon la société américaine Lockheed Martin à l'origine d'un brevet déposé en avril 2018. Cependant, malgré ses incroyables promesses théoriques, en pratique, la sécurité d'un tel mode de propulsion « nucléaire » reste légitimement l'objet de controverses…
HSP Magnavem est doté également de 206 actionneurs à plasma MD-DBD pour contrôler le flux d'air sur le fuselage et les ailes : celles-ci permettront des performances aérodynamiques inédites.

QUESST (QUIET SUPERSONIC TECHNOLOGY) AIRCRAFT

CONCEPTEURS : LOCKHEED MARTIN ET NASA

PAYS : ÉTATS-UNIS

LANCEMENT : 2021

Le vol supersonique au-dessus des terres est interdit aux États-Unis à cause du bruit du « bang », le fameux passage du mur du son. La plupart des pays européens ont également une législation très sévère sur ces questions. C'est l'une des raisons pour lesquelles un nouvel avion commercial supersonique doit impérativement surmonter ce défi technique si l'on souhaite relier des distances intracontinentales avec de tels modes de propulsions. La NASA associée à la société d'aérospatiale Lockheed Martin est sur le point d'y parvenir avec un prototype. Un premier vol est attendu d'ici à 2021 : bienvenue dans l'ère du *low bang* supersonique !

L'avion supersonique qui succédera au Concorde devra passer le mur du son… en silence !

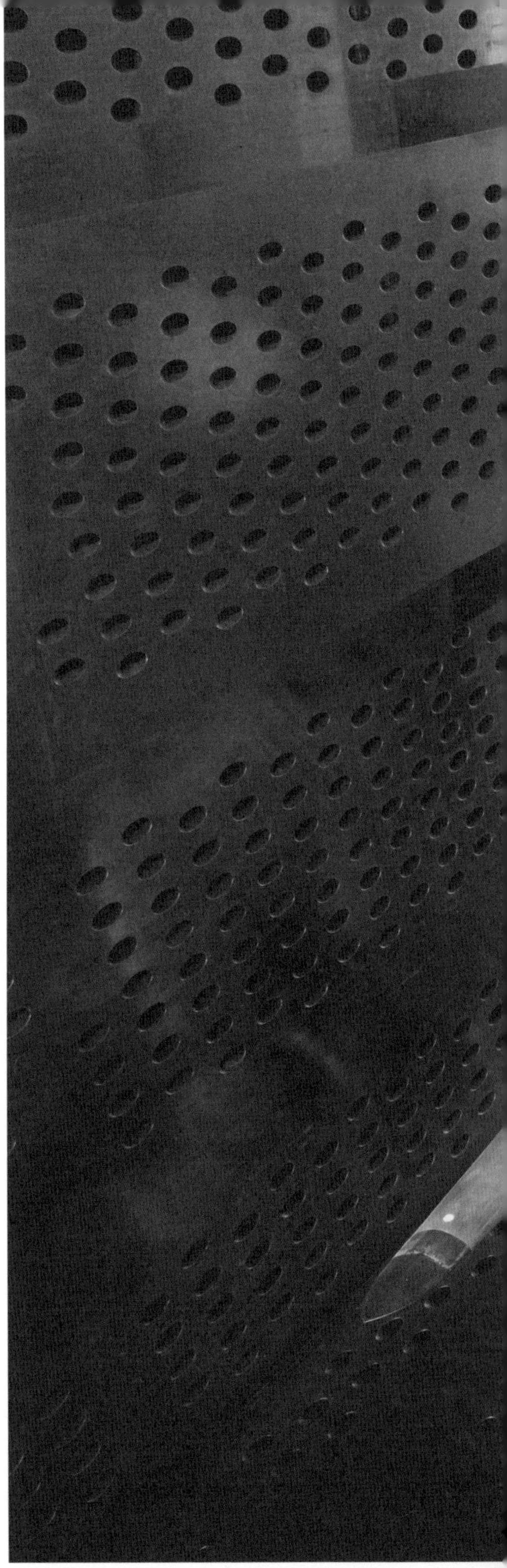

Glenn, un technicien de la NASA, prépare le prototype de l'avion expérimental QueSST pour des essais statiques dans une soufflerie.

DIRIGEABLE

Comme les avions ou les VTOL, les dirigeables font leur révolution. Oubliés pendant de nombreuses années, ils reviennent et, silencieusement, continuent de nous faire rêver...

Les dirigeables transportent des charges lourdes sur de petites distances à moindre coût.

La Natac (Navette aérienne de transport automatique de containers) utilise l'hélium et a une forme d'avion pour créer une portance aérodynamique inédite.

LE PLUS PETIT DIRIGEABLE DU MONDE

CONCEPTEUR : VOLIRIS

PAYS : FRANCE

LANCEMENT : NC

L'équipe technique de Voliris a conçu une aile hybride de 15 m d'envergure remplie par 60 m^3 d'hélium. Ce prototype baptisé Natac a été déclaré dirigeable le plus petit du monde, par un célèbre livre référençant les records mondiaux. Tout en étant gonflable, sa particularité est de prendre la forme d'une aile d'avion. Une telle conception permet à cet engin hybride d'avoir une portance offrant certains avantages de l'avion et du dirigeable. Ainsi, seulement 40 % de la portance est donnée par l'hélium. Il peut décoller sur une piste courte ou porter des charges particulièrement lourdes. Ce prototype a été déclaré par un célèbre livre référençant les records comme « dirigeable le plus petit du monde ». Cependant, ce n'est qu'une première étape, le grand objectif de l'avionneur français Voliris étant de parvenir à créer dans les prochaines années le tout premier aéronef avec une propulsion à hydrogène !

VOITURES VOLANTES

Longtemps confondues avec certains avions VTOL, les voitures volantes constituent une nouvelle catégorie terre/air. Il est possible tout à la fois de prendre la route ou de s'envoler vers les nuages !

AEROMOBIL 5.0, LA STAR

CONCEPTEUR : AEROMOBIL

PAYS : CROATIE

LANCEMENT : 2019

Jusqu'à présent, le principal problème des engins volants pour effectuer des trajets urbains ou interurbains était le tout premier kilomètre. En effet, étant plus des avions que des voitures, les voitures volantes actuelles nécessitent l'équivalent d'une piste de décollage pour répondre aux réglementations aériennes. L'astuce d'AeroMobil 5.0 est d'être une véritable voiture électrique, ce qui l'autorise à se retrouver sur n'importe quelle infrastructure routière urbaine.

Un décollage vertical lui permettrait d'atteindre en quelques minutes l'altitude suffisante pour avancer horizontalement et parcourir des distances pouvant aller jusqu'à 700 km en un seul voyage. Et ce, par toutes les conditions météorologiques !

Selon son fabricant, AeroMobil 5.0 offrira à ses 4 passagers, un confort similaire à celui d'une berline électrique…

Afin d'assurer un décollage vertical, AeroMobil 5.0 est doté de 2 rotors entraînés électriquement. Une fois à l'altitude requise, une hélice propulsive montée à l'arrière du véhicule prend le relais pour offrir une poussée horizontale.

Pour la première fois, des ingénieurs sont parvenus à combiner une véritable voiture et un avion dans un seul véhicule !

ALAUDA AIRSPEEDER

CONCEPTEUR : ALAUDA GROUP

PAYS : AUSTRALIE

LANCEMENT : 2020

Comme son nom l'indique, l'Airspeeder est un appareil spécialement conçu pour la vitesse et pour la course. L'objectif clairement affiché par Alauda consiste à stimuler la recherche et les progrès dans le domaine des voitures volantes grâce à la compétition. Le premier prototype, un monoplace, ne pourra embarquer que le pilote lui-même. À l'instar des voitures de course, une grande partie de l'Airspeeder est réalisée sur mesure : les hélices en bois, les moteurs électriques de 50 MW et le cadre en aluminium. L'engin est conçu pour voler grâce à 4 moteurs fixés sur une structure orientable selon les phases du vol. Ils seront alimentés par des batteries lithium-ion et permettront à l'Airspeeder d'atteindre une vitesse de pointe de plus de 250 km/h. L'appareil disposera de capteurs pour prévenir les collisions, tandis que les ingénieurs étudient également un système de sécurité de type Mars Lander qui utilise des airbags pour protéger le véhicule contre les chocs.

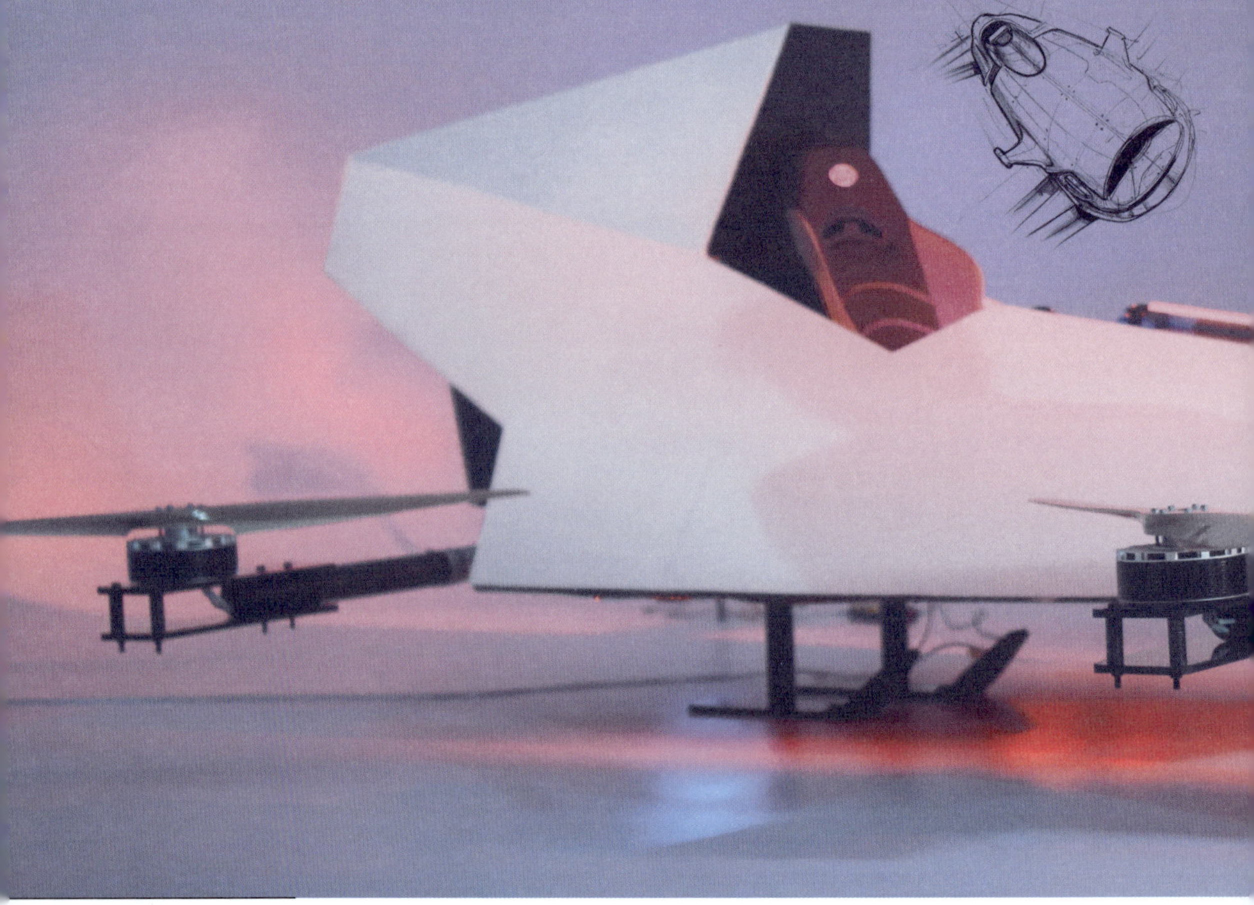

250 km/h

Vitesse de pointe

50 kW

Puissance du moteur (électrique)

lithium-ion

Type de batterie

10 minutes

Autonomie

CITY X-HAWK

CONCEPTEUR : URBANAERO

PAYS : ÉTATS-UNIS

LANCEMENT : NC

222 km/h
Vitesse maximale

8,1 m
Longueur

10
Nombre de passagers

Hormis les hélicoptères classiques, X-Hawk est le plus imposant des modèles actuels de véhicules aériens à décollage vertical. Il s'agit d'un appareil bimoteur conçu pour accueillir jusqu'à 10 passagers plus un pilote. Dans sa version militaire, X-Hawk est avant tout un transporteur de troupes capable de déposer de petites unités de combat dans des zones où l'utilisation d'hélicoptères est difficile ou impossible. Au-delà du simple transport, X-Hawk a le potentiel pour accomplir de nombreuses missions tactiques et stratégiques actuellement impossibles à l'aide des options aériennes existantes.

Dans sa version civile, X-Hawk a été conçu pour accomplir un très grand nombre de missions différentes. X-Hawk sera d'abord incorporé dans les flottes d'hélicoptères civils existantes afin d'étendre les capacités d'évacuations médicales et d'urgence.

La conception « sans disque rotor tournant » élimine de fait les risques sérieux de sécurité associés aux rotors d'hélicoptère et permet un accès sécurisé à n'importe quel endroit. Les exigences minimales de zone d'atterrissage signifient qu'il n'y a pas besoin d'hélisurface ou de l'intervention préalable d'une équipe au sol pour identifier et sécuriser une zone d'atterrissage.

La capacité de maintenir un vol stationnaire sûr et stable à proximité d'une fenêtre, d'un mur ou d'une pente ou d'atterrir en toute sécurité dans un espace exigu permet le transport et l'évacuation de pratiquement n'importe quel endroit sans l'utilisation d'échelles ou de palans.

Pour l'instant, UrbanAero n'a pas encore indiqué à quel moment cet appareil multitâche sera mis en service.

X-Hawk est nettement plus silencieux que n'importe quel hélicoptère, une considération importante en ce qui concerne l'espace aérien civil, en particulier dans les environnements urbains.

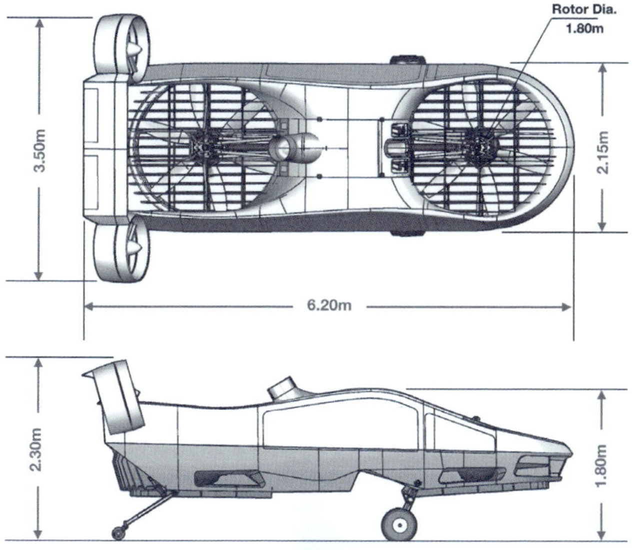

JETPACKS

Ce « sac à dos volant » permet à son utilisateur de décoller dans les airs, de se propulser sur de grandes distances et d'atterrir de façon autonome. Grâce à l'évolution technologique des systèmes de propulsion, les prouesses aériennes sont à la portée de chacun !

❶ Le véritable Iron Man, l'inventeur britannique Richard Browning (39 ans)

❷ Combinaison exosquelette ultralégère

❸ Micro-réservoirs de kérosène

❹ Turbines à gaz micro-alimentées au kérosène

IRON MAN, LE VRAI

CONCEPTEUR : RICHARD BROWNING

PAYS : GRANDE-BRETAGNE

LANCEMENT : NC

L'inventeur britannique Richard Browning de Salisbury a conçu une technologie de propulsion destinée selon lui à réinventer les déplacements aériens. Baptisé Daedalus, son engin n'est autre qu'un jetpack (« sac à dos volant ») avec des turbines à réaction sur le bas du dos et sur les bras. Son exosquelette le protège d'éventuels accidents et permet le décollage vertical puis un vol horizontal. Il a fondé une start-up appelée Gravity pour commercialiser son engin… avis aux amateurs !

Le costume Daedalus de Richard Browning rappelle immanquablement le superhéros Iron Man des studios Marvel.

Les moteurs à réaction miniaturisés sur le dos et les bras génèrent de fortes poussées qui nécessitent une certaine endurance physique pour stabiliser son corps dans les airs.

*Pourrez-vous,
un jour prochain,
partir au travail
en sac à dos
volant ?*

LE SAC À DOS VOLANT DE JETPACK AVIATION

CONCEPTEUR : JETPACK AVIATION

PAYS : ÉTATS-UNIS

LANCEMENT : NC

L'équipe de Jetpack Aviation a créé ce « sac à dos volant » suffisamment petit pour tenir dans le coffre d'une voiture mais aussi transporter le pilote pendant 10 minutes à des centaines de mètres d'altitude avec une vitesse maximale de 160 km/h. Celui-ci pourrait être commercialisé très prochainement pour le prix d'une voiture de sport. Cependant, avant de vous envoler, une formation de pilote et une autorisation administrative du lieu de décollage vous seront indispensables !

VÉHICULES DE FRET

Au cours des prochaines décennies, nombre de véhicules robotisés parcourront le ciel et le bitume de nos villes. Ces machines intelligentes auront besoin de technologies, encore expérimentales pour l'instant, afin de permettre l'autonomie du transport, mais aussi certainement de nouvelles réglementations afin de sécuriser ces nouveaux corridors terrestres et aériens…

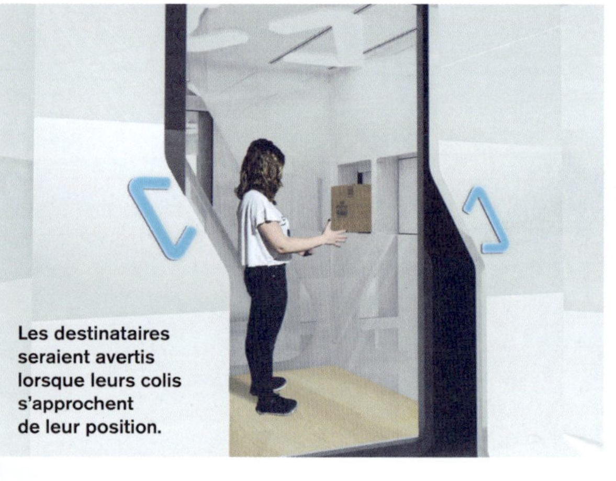

Les destinataires seraient avertis lorsque leurs colis s'approchent de leur position.

L'Aerozon serait conçu pour récolter les colis directement dans les usines ou les centres de distribution. Il les amènerait par des wagons électriques autonomes vers la zone urbaine à livrer. Une fois arrivés en ville, les colis seraient ramassés par des drones aériens sans que le wagon ait besoin de s'arrêter.

Ces petits robots volants autonomes travailleraient en rotation afin de livrer toutes sortes de colis sur les toits des tours de bureaux ou d'habitations. Le colis serait alors déposé sur une plateforme, où il entrerait dans une cage d'ascenseur dédiée au système Aerozon.

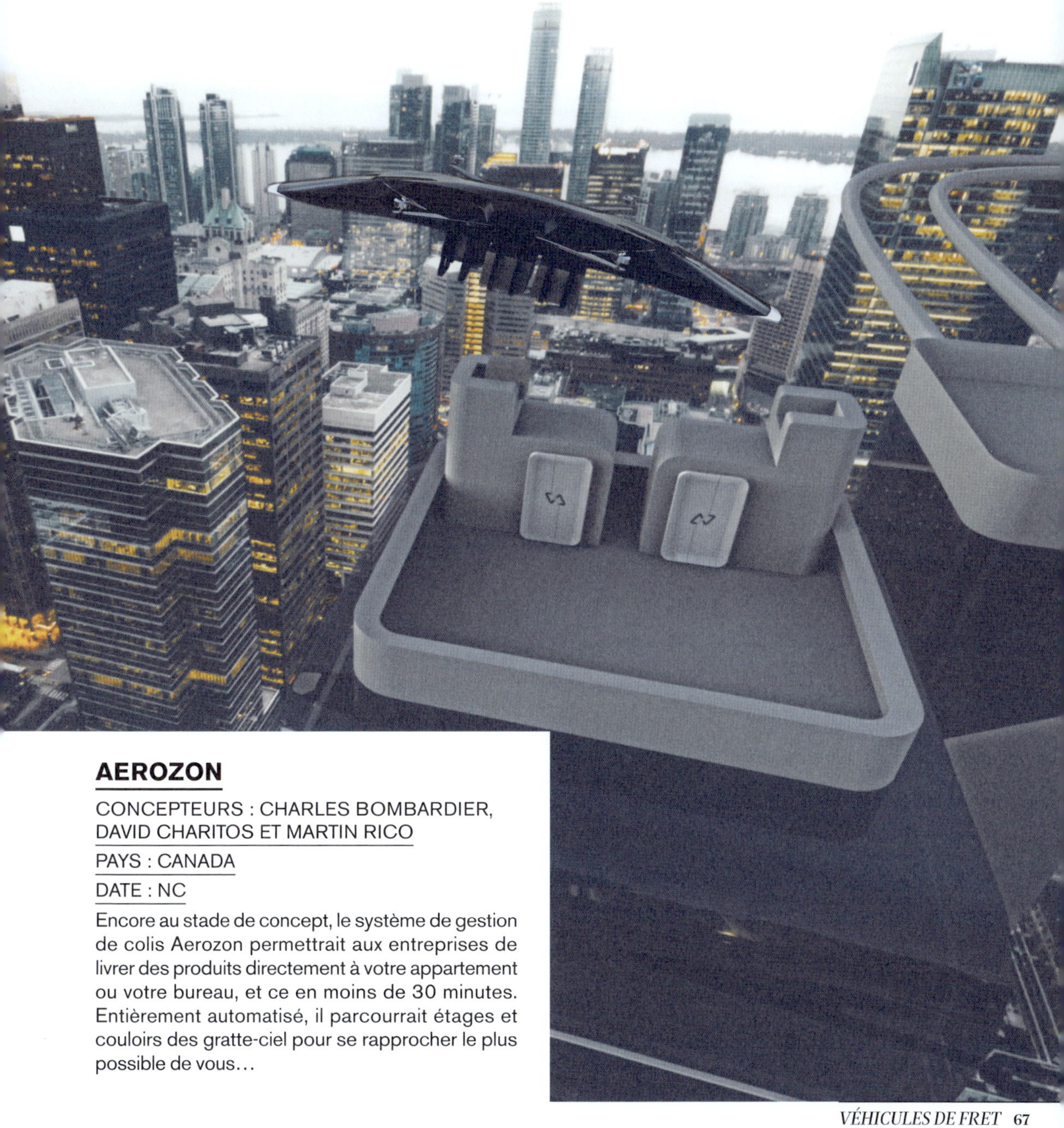

AEROZON

CONCEPTEURS : CHARLES BOMBARDIER, DAVID CHARITOS ET MARTIN RICO

PAYS : CANADA

DATE : NC

Encore au stade de concept, le système de gestion de colis Aerozon permettrait aux entreprises de livrer des produits directement à votre appartement ou votre bureau, et ce en moins de 30 minutes. Entièrement automatisé, il parcourrait étages et couloirs des gratte-ciel pour se rapprocher le plus possible de vous...

DP WORLD CARGOSPEED, UN RÉSEAU DE FRET À 1 000 KM/H

CONCEPTEUR : FOSTER + PARTNERS

PAYS : GRANDE-BRETAGNE

LANCEMENT : NC

Le studio d'architecture britannique Foster + Partners partage sa vision d'un Hyperloop de transport de marchandises à grande vitesse appelé DP World Cargospeed. Cette infrastructure utiliserait la technologie Hyperloop de Virgin Galactic (cf. le chapitre Trains) pour transporter rapidement et en toute sécurité du fret à des vitesses allant jusqu'à 1 120 km/h à travers des tubes à vide. Bien que le développement précoce d'Hyperloop se soit concentré sur la création de systèmes de transport de personnes, les concepteurs estiment que tout au long de l'histoire des transports, le fret a toujours été le principal catalyseur des révolutions technologiques.

Les stations DP World Cargospeed seraient incorporées dans les grands ports du monde, et les marchandises chargées dans des trains Hyperloop autonomes par des drones de chargement, eux-mêmes autonomes.

L'automatisation totale de la chaîne logistique associée à la vitesse du réseau Hyperloop va révolutionner la notion de fret.

MAERSK
CMA CGM

LE DRONE SKYWAYS D'AIRBUS HELICOPTERS

CONCEPTEURS : AIRBUS
ET UNIVERSITÉ DE SINGAPOUR (NUS)

PAYS : ALLEMAGNE ET CHINE

LANCEMENT : NC

Skyways, un véhicule aérien sans pilote conçu pour les livraisons de colis autonomes, sait décoller d'un centre de maintenance et atterrir sur le toit d'une « station de colis » construite spécialement pour lui. Cette station comporte de très nombreux casiers, mais un seul destiné au colis. Celui-ci y a été automatiquement chargé via un bras robotisé. Puis le drone décolle de nouveau pour retourner à son centre de maintenance.

Un système de casiers robotisés et de véhicules volants autonomes permettraient de révolutionner les livraisons urbaines de proximité.

HORSEFLY DRONE DELIVERY

CONCEPTEUR : WORKHORSE GROUP

PAYS : ÉTATS-UNIS

LANCEMENT : 2019

Imaginez un drone autonome muni de 8 hélices et capable de transporter un colis à 70 km/h dans un casier sous sa structure en fibre de carbone. Sa batterie lui permet un vol aller-retour de 30 minutes. Faible pour une livraison nous direz-vous ? Pas du tout, la mission de Horsefly ne sera pas de venir devant votre porte, mais de transporter le colis de l'entrepôt directement dans un camion stationné sur un parking ou en route pour une livraison. Comment ? Par un sas placé sur le toit… Il fallait y penser !

DRAGONFLY, COMME UNE FEUILLE DANS LE VENT

CONCEPTEUR : PRIESTMANGOODE

PAYS : GRANDE-BRETAGNE

LANCEMENT : NC

Le bourdonnement électrique d'appareils aussi disgracieux que des drones va-t-il envahir nos villes ? Et si la livraison du dernier kilomètre était assurée par des drones libellules parfaitement silencieux et dont la structure à la fois souple et translucide offrait un peu de poésie à notre environnement urbain ? C'est ce que nous propose un studio de design britannique spécialisé dans les transports. Leur libellule (*dragonfly* en anglais) pourrait se déplacer en formation dans le ciel, ne laissant apparaître qu'une faible lueur. Le drone se positionnerait devant votre fenêtre pour laisser tomber son colis dans un compartiment à courrier. Un support dédié lui permettrait de se recharger avant de finalement repartir au centre de logistique…

Le drone libellule livre en se laissant porter par le vent...

La cabine offre une position de conduite centrée pour une visibilité optimale. Deux écrans tactiles proposent toutes les fonctions utiles pendant la conduite.

TESLA SEMI, UN POIDS LOURD ÉLECTRIQUE

CONCEPTEUR : TESLA

PAYS : ÉTATS-UNIS

LANCEMENT : NC

Le Tesla Semi passe de 0 à 100 km/h en 20 secondes avec une charge complète de 36 t et il consomme moins de 2 kWh d'énergie pour 1,5 km parcouru… Son autonomie va jusqu'à 800 km avec une batterie pleinement chargée et à grande vitesse, ce qui permet de répondre à un large éventail de solutions de livraison. En effet, la majeure partie du fret routier dans les pays industriels occidentaux est située à moins de 45 km. L'évolution naturelle de ce camion sera de devenir autonome dès que la réglementation le permettra…

DES POIDS LOURDS QUI N'ÉMETTENT QUE DE LA VAPEUR D'EAU !

CONCEPTEUR : TOYOTA

PAYS : JAPON

LANCEMENT : NC

La technologie des piles à combustible à hydrogène existe depuis longtemps, mais son utilisation commerciale est restée plutôt limitée. Comparativement à leurs cousins électriques, les véhicules à hydrogène étaient trop chers à fabriquer… jusqu'à la mise au point de matériaux et procédés particulièrement économiques. Selon Toyota, le « concept truck » utilisé pour des essais sur route a déjà parcouru environ 6 437 km et a tracté un poids de 36 tonnes, sans autre émission que de la vapeur d'eau ! Les piles à combustible à hydrogène permettent au camion de fonctionner à l'énergie propre, avec seulement des émissions de vapeur d'eau.

YAPE, LA LIVRAISON À DOMICILE À L'ITALIENNE

CONCEPTEUR : E-NOVIA

PAYS : ITALIE

LANCEMENT : 2018/2019

Le drone de livraison YAPE – un acronyme humoristique en anglais pour « votre poney express autonome » – délivre des marchandises dans les centres-villes en passant par les trottoirs et donc en évitant le trafic ! En plus d'être autonome, ce drone est agile, intelligent et léger. Grâce à sa roue cylindrique centrale tel un robot qui évoluerait sur deux roues, il fonctionne à une vitesse maximale de 6 km/h sur le trottoir (la vitesse d'un piéton) et 20 km/h sur les pistes cyclables (la vitesse d'un vélo en ville). YAPE est capable de tourner sur lui-même comme une toupie pour changer de direction. Mais surtout, un colis allant jusqu'à 70 kg peut être placé dans son compartiment à bagages !

3E-D18, LA LIVRAISON TOUT-TERRAIN AUTONOME

CONCEPTEUR : HONDA

PAYS : JAPON

LANCEMENT : NC

Doté d'une transmission intégrale et de pneus sans air pratiquement indestructibles, 3E-D18 est un véhicule tout-terrain autonome conçu pour les environnements extrêmes.

Vous êtes en randonnée en haut d'une montagne et vous avez oublié un médicament ? Vous êtes ouvrier, et vous devez transmettre du matériel à l'autre bout du chantier ? 3E-D18 est fait pour cela ! Un système de batterie amovible vous laisse charger le robot aussi facilement que les piles bâton d'un transistor. Des rails à son sommet et un système de modules optionnels (grue, pelle mécanique, etc.) permettent de le personnaliser en fonction de vos besoins professionnels les plus variés !

Que vous soyez pompier, ouvrier ou chercheur, la plateforme tout-terrain autonome est là pour vous rendre service !

VOITURES

Ah ! Merveilleuses voitures... Fidèles compagnes de notre irrésistible marche vers la modernité. Autrefois, il y avait seulement la mécanique. Puis l'électricité s'est infiltrée dans les moteurs. Plus tard est arrivée l'électronique et, encore plus tard, l'informatique. Et à présent ? C'est au tour de l'intelligence artificielle d'envahir nos voitures. Pour les rendre toujours plus autonomes. Plus sûres. Plus conviviales. Plus intelligentes. En voiture vers 2030 !

Les voitures autonomes conduisent en dehors des sentiers battus.

CORTEX, AUTONOME ET TOUT-TERRAIN

CONCEPTEUR : LAND ROVER

PAYS : GRANDE-BRETAGNE

LANCEMENT : 2021

Voici le premier véhicule autonome tout-terrain au monde ! Encore au stade de projet, CORTEX permettra aux véhicules autonomes de fonctionner en dehors des villes et des axes routiers, quelles que soient les conditions météorologiques : saleté, pluie, glace, neige ou brouillard. Une telle prouesse est possible grâce à une technologie révolutionnaire baptisée « 5D » combinant des données acoustiques, vidéo, radar, de détection de lumière et de détection de distance (LIDAR) en temps réel. Enfin, un système d'apprentissage automatique (*deep learning*) permettra à l'intelligence artificielle aux commandes d'engranger de l'expérience et de se comporter de manière de plus en plus sophistiquée…

RENAULT EZ-GO ROULE POUR VOUS

CONCEPTEUR : RENAULT

PAYS : FRANCE

LANCEMENT : NC

2018. Cette année, Renault veut frapper un grand coup. Étonner le monde entier. De quelle manière ? En se lançant dans la mise au point d'une toute nouvelle forme de mobilité urbaine. L'arme secrète du constructeur français n'est autre qu'un concept de voiture robot électrique à conduite autonome de niveau 4 baptisé EZ–GO.

Le label niveau 4 signifie qu'il n'y a pas de conducteur au volant. L'EZ-GO est bourrée d'intelligence artificielle, de sorte qu'elle gère entièrement seule tous les paramètres sur un trajet complet. Elle tourne à droite ou à gauche quand il le faut, ralentit lorsque se dresse un obstacle sur le parcours et stoppe net au moindre danger. Six passagers peuvent s'installer dans un très confortable habitacle en « U » dont les larges baies vitrées offrent une magnifique vue à 360° sur le panorama. L'EZ-GO est sans aucun doute aujourd'hui le véhicule robot le plus avancé au monde, loin devant ses concurrents américains.

CONDUIRE PAR LA PENSÉE

CONCEPTEUR : NISSAN

PAYS : JAPON

LANCEMENT : NC

Faire tourner sa voiture à droite, respecter la priorité. S'arrêter au feu rouge. Repartir puis se garer dans une petite rue. Tout cela sans jamais toucher le volant. Simplement en y pensant.
Cet intrigant scénario semble appartenir encore à la science-fiction. Et pourtant…
Un peu partout dans le monde, les grands constructeurs se sont engagés dans la course à la voiture conduite uniquement par la pensée.
Un exemple ? La Brain-to-Vehicle (ou B2V) de Nissan. Le célèbre constructeur japonais vient de mettre au point un système de « décodage du cerveau » qui donne aux automobiles la capacité d'anticiper l'action du conducteur en analysant en temps réel l'action de conduite à laquelle il pense – donner un coup de frein, accélérer, prendre un virage –, etc.

Cet exploit ahurissant de décodage de vos intentions de conduite par une voiture peut paraître lointain ou, pire encore, totalement fantaisiste. Mais la réalité est tout autre. Plusieurs constructeurs – Nissan en tête – ont annoncé que les premières voitures conduites par la pensée devraient voir le jour dès 2022.

Incroyable ! Jamais, à aucun instant, vous ne vous êtes installé « au volant » de votre voiture. Et pour cause, il n'y a plus de volant !... Seulement une voiture, devenue une redoutable machine à lire dans les pensées.

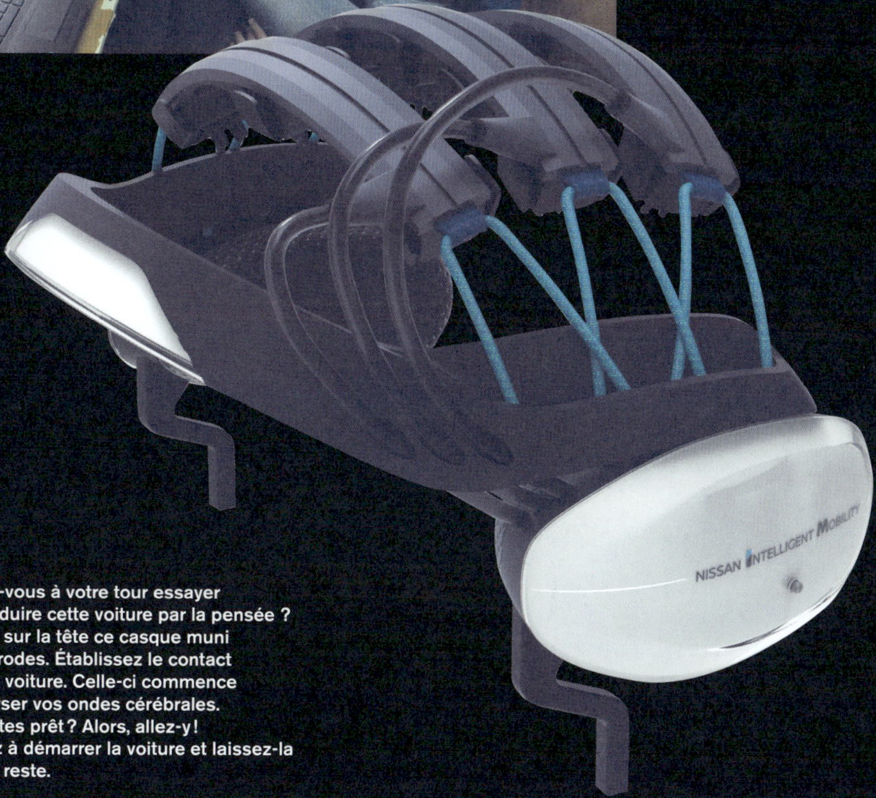

Voulez-vous à votre tour essayer de conduire cette voiture par la pensée ? Enfilez sur la tête ce casque muni d'électrodes. Établissez le contact avec la voiture. Celle-ci commence à analyser vos ondes cérébrales. Vous êtes prêt ? Alors, allez-y ! Pensez à démarrer la voiture et laissez-la faire le reste.

« Prenez ce qu'il y a de mieux dans ce qui existe et rendez-le encore meilleur. »
Sir Henry Royce

Coup de tonnerre ! La très conservatrice firme Rolls-Royce a stupéfié le monde entier en présentant la Rolls-Royce des cent prochaines années, la VISION NEXT 100 – nom de code 103EX. L'engin est à couper le souffle. Ses roues immenses, sa ligne qui se fond dans un avenir insondable, son habitacle vaste comme un salon, tout cela offre une vision radicale de mobilité, de luxe sans effort. La 103EX est autonome, connectée, spacieuse et belle.

ROLLS-ROYCE, LE LUXE FUTURISTE

CONCEPTEUR : ROLLS ROYCE

PAYS : GRANDE-BRETAGNE

LANCEMENT : NC

La fabuleuse 103EX n'est pas seulement un véhicule de luxe, ce qui est habituel chez Rolls-Royce. En réalité, cette voiture unique au monde, qu'il est absolument impossible d'oublier après l'avoir aperçue ne serait-ce que quelques instants, est le seul et unique véhicule « visionnaire » dans l'histoire du célèbre constructeur automobile. Rolls-Royce revendique sa nouvelle voiture comme « une icône personnalisée pour l'avenir ». Non seulement la toute nouvelle 103EX sera entièrement autonome, capable d'évoluer sans conducteur, mais elle sera également écologique, glissant silencieusement sur les routes de l'avenir avec zéro pollution. Voulez-vous faire une petite promenade par ce beau dimanche ensoleillé ? Il vous suffira d'indiquer votre destination à l'intelligence artificielle du bord et elle se chargera de tout. Vous n'aurez plus qu'à vous laisser aller dans la profondeur des fauteuils, inspiré par Baudelaire pour qui « Là, tout n'est qu'ordre et beauté, luxe, calme et volupté ».

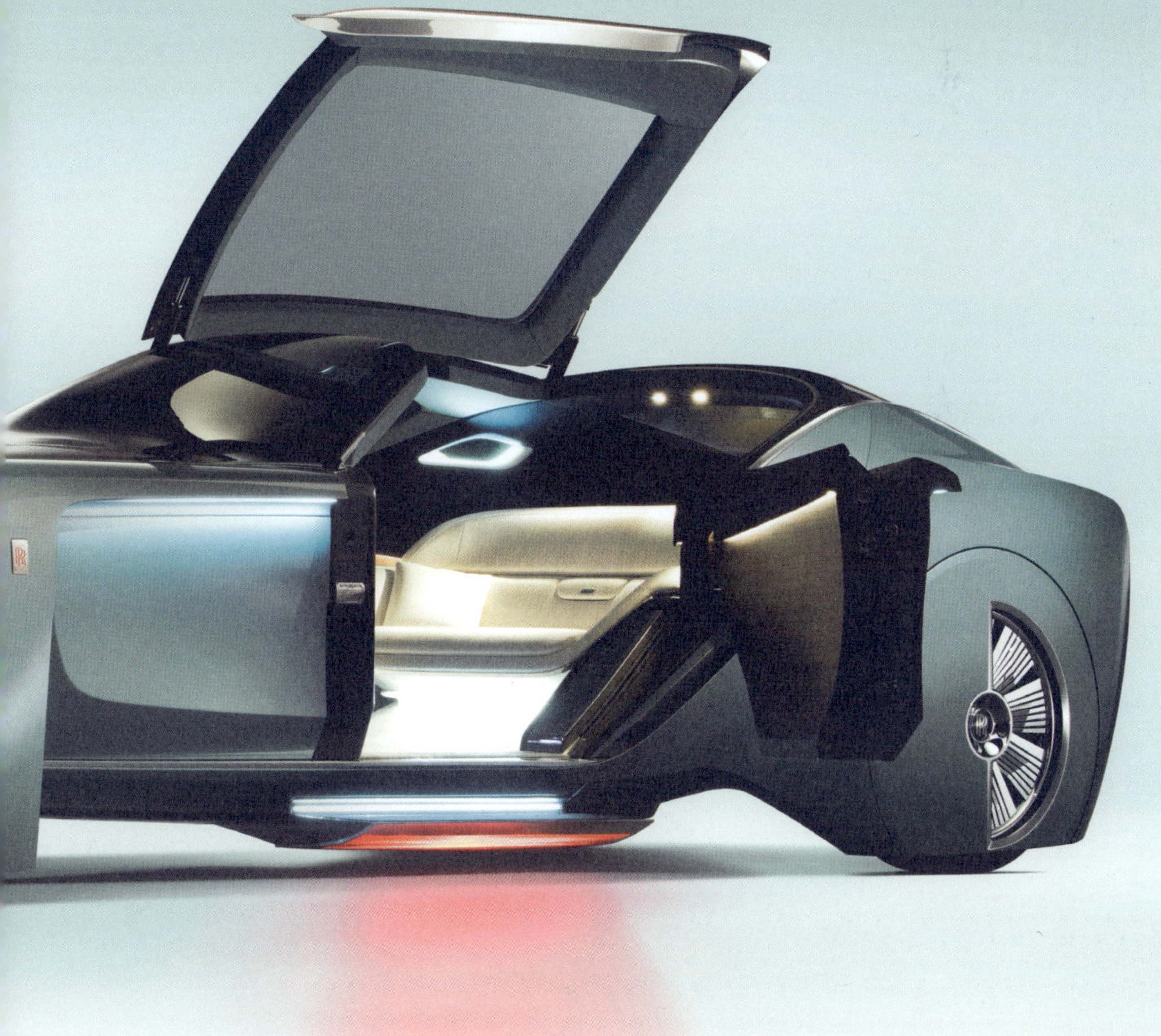

Installez-vous au volant… Vous êtes frappé par le calme de cette cabine et son aspect lumineux. Les écrans sont partout, mais restent étonnamment discrets et décoratifs. La poutre en bois brut qui vous relie aux passagers ramène en même temps un paisible souvenir de l'ancien monde. À cet instant, vous êtes certain que Nissan a raison lorsqu'il affirme que l'on peut voyager à bord de la Xmotion d'une traite sur 1 000 km sans ressentir la moindre fatigue.

Xmotion, entre tradition et modernité, mémoire et espoir…

NISSAN XMOTION

CONCEPTEUR : NISSAN

PAYS : JAPON

LANCEMENT : NC

Voici un habitacle qui reflète le défi du Nissan Xmotion : aller vers l'avenir, mais avoir la mémoire longue. Il en résulte un SUV inclassable, où le conducteur devient plutôt un assistant de conduite, celle-ci étant largement prise en charge par la voiture, qui devrait prendre la route vers 2022.

MOODSCAPE, LE TOIT PANORAMIQUE VIRTUEL

CONCEPTEUR : HARMAN (SAMSUNG)

PAYS : CORÉE DU SUD

LANCEMENT : 2019

Samsung a décidé d'enrichir visuellement l'intérieur de nos voitures. De quelle manière ? En transformant le plafond de nos véhicules en de véritables écrans de projection. Pour ce faire, les ingénieurs ont conçu un plafond interactif muni de LED qui peut se synchroniser avec l'autoradio pour créer une magnifique expérience visuelle pour les passagers.

Vous n'êtes plus dans une simple voiture mais à bord d'un vaisseau spatial qui, après avoir traversé la ceinture des astéroïdes, a plongé dans l'hyperespace en direction de la galaxie d'Andromède.

CONCEPT-I, LA VOITURE QUI VOUS PARLE

CONCEPTEUR : TOYOTA

PAYS : JAPON

LANCEMENT : 2022

Un rêve... Imaginez que votre compagne de toujours, celle qui chemine avec vous dans tous vos déplacements, qui ne vous lâche jamais, en un mot, votre voiture... Imaginez qu'enfin elle puisse vous parler, vous écouter, vous comprendre... Qu'avec toute l'expérience qu'elle a de vous, de votre caractère, de vos projets, elle puisse vous donner des conseils, orienter votre réflexion.

Impensable il y a encore dix ans, ce rêve un peu fou est en passe de se réaliser. Le nom de cette voiture sympathique et chaleureuse ? Concept-i. Conçue par les esprits avant-gardistes du centre de recherche de Toyota, Concept-i (i comme intelligence) est une voiture imaginative et brillante, qui apprend continuellement. Dotée d'une intelligence artificielle surpuissante, elle saura déceler vos besoins et les anticiper. En somme, une nouvelle confidente est née et qui sait ? Vous prendrez peut-être la route avec elle à partir de 2022...

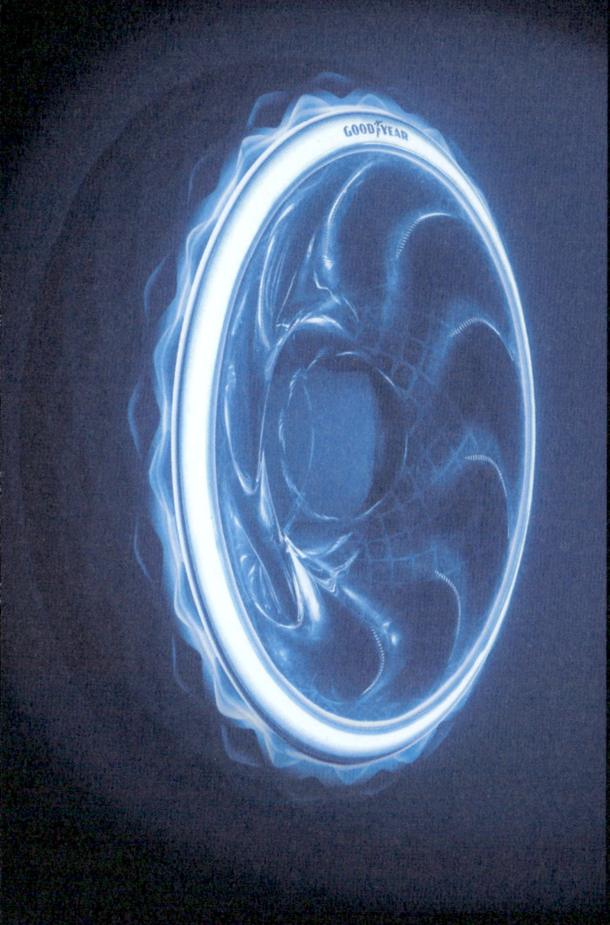

UNE LUMIÈRE POUR NE PLUS JAMAIS AVOIR LE MAL DES TRANSPORTS

CONCEPTEUR : BOARDING RING

PAYS : FRANCE

LANCEMENT : NC

Vos enfants souffrent de cinétose ? Rassurez-vous, ce mot savant désigne un phénomène banal, le mal des transports. Nausées, vertiges, vomissements… Autant de petits pépins qui transforment parfois les départs en vacances en cauchemar. Or il existe peut-être un remède. Lequel ? Tout simplement la lumière. En effet, le mal des transports résulte d'un conflit entre l'œil et l'oreille interne. Selon les ingénieurs de la start-up Boarding Ring, il suffit d'installer dans votre voiture une colonne lumineuse pour l'éviter. Celle-ci va simuler le déplacement de l'horizon en virage, ce qui permet de resynchroniser la vision avec l'oreille interne.
Vos enfants vont enfin pouvoir retrouver le sourire.

GOODYEAR OXYGENE, UNE ROUE VIVANTE

CONCEPTEUR : GOODYEAR

PAYS : BELGIQUE

LANCEMENT : NC

2019 pourrait bien être l'année de la révolution du pneu ! En effet, alors que les millions de pneus qui s'accumulent chaque année présagent une catastrophe écologique, Goodyear a pris les devants avec un pneu du troisième type : Oxygene.
D'abord, une mousse végétale permet d'absorber l'humidité par la bande de roulement, d'inhaler par photosynthèse du dioxyde de carbone et de libérer de l'oxygène.
De plus, ce pneu exploite l'énergie créée par la photosynthèse pour alimenter l'électronique embarquée. Enfin, en utilisant le système de communication par la lumière, ou LiFi, ce pneu pas comme les autres peut interagir sans fil avec les autres voitures, ouvrant ainsi la voie aux voitures autonomes.

LE DRONE SMART ROAD ASSISTE LA VOITURE SUR L'AUTOROUTE

CONCEPTEURS :
CARLO RATTI ASSOCIATI ET ANAS

PAYS : ITALIE

LANCEMENT : NC

Ah... Si seulement un ange gardien pouvait veiller sur notre voiture et sur nous durant le voyage... Si seulement nous pouvions être averti d'un danger...
Plus d'inquiétude : ces anges gardiens existent désormais. Ils sont expérimentés sur 2500 km en Italie. De la surveillance des routes à l'apport de premiers soins aux conducteurs, les drones routiers fournissent un système de sécurité global basé sur les technologies de survol des autoroutes qui vise à faire partie des infrastructures intelligentes de l'avenir.

2
3

1

Mach 1,4,
soit 1 728 km/h

Vitesse maximale

1 Roues en titanium
Diamètre : 1m
10 000 tours/min

2 Coque en fibre de carbone et titane.
Supporte 12 t de pression par m².
200 capteurs entourent la voiture
et retransmettent en temps réel
les informations aérodynamiques
à l'ordinateur de bord.

3 Longueur : 12 m
Poids : 6,4 t
Hauteur : 2,7 m
Coût : 11 millions d'euros

BLOODHOUND, LA VOITURE SUPERSONIQUE !

CONCEPTEUR : THE BLOODHOUND PROJECT

PAYS : GRANDE-BRETAGNE

LANCEMENT : 2017 (PREMIER TEST)

Vingt ans après que le Britannique Andy Green ait établi le record absolu de vitesse terrestre à 1 227 km/h, la voiture de course en ligne droite la plus évoluée du monde reprend du service ! L'objectif est certes de dépasser ce précédent record, mais aussi d'utiliser le projet comme support de recherche universitaire. Cette nouvelle mouture est propulsée par un moteur à réaction EJ200 de Rolls-Royce habituellement utilisé dans les avions de chasse européens Eurofighter Typhoon. Ce qui lui permettra de bénéficier d'une poussée de 90 kN, soit la puissance combinée de 360 voitures familiales...

Le projet de voiture supersonique Bloodhound SSC emprunte sa technologie aux avions de chasse, aux voitures de F1 et aux vaisseaux spatiaux.

PRÉDIRE VOTRE DESTINATION

CONCEPTEUR : TESLA

PAYS : ÉTATS-UNIS

LANCEMENT : NC

Un pas de plus vers l'avenir ! Tout récemment, le PDG et fondateur de Tesla, Elon Musk, a décrit comment l'intelligence artificielle propre aux véhicules autonomes est désormais capable de vous amener où vous voulez aller sans que vous disiez un seul mot.
L'algorithme de prédictions du parcours se fonde sur des données statistiques. Pendant que vous conduisez en ville sans avoir bien repéré votre itinéraire, l'intelligence artificielle de votre voiture utilise vos emplacements fréquents et l'historique des recherches pour trouver une destination prévisible puis diffuse des informations sur le trafic ou sur les fermetures de routes. Vous pouvez alors ajuster l'itinéraire comme bon vous semble. Tout comme un bon vieux chauffeur d'autrefois qui connaissait son maître par cœur, votre voiture « sait » où vous voulez aller. Le temps de la conduite prédictive est arrivé...

STELLA VIE SOLAR, LA FAMILIALE 100 % SOLAIRE

CONCEPTEUR : SOLAR TEAM EINDHOVEN

PAYS : PAYS-BAS

LANCEMENT : NC

Et voici à présent une première mondiale : une voiture familiale entièrement propulsée à l'énergie solaire ! Son nom ? Stella Vie ! Aux yeux des experts, c'est la voiture solaire la plus aboutie qui ait jamais été construite. Cette familiale à l'allure conviviale donne un aperçu de l'avenir du transport avec zéro émission. Conçue par l'équipe solaire de l'université d'Eindhoven, Stella vie est capable de franchir 1 000 km durant une journée ensoleillée. Elle réalise un équilibre parfait entre design aérodynamique et esthétique. Avec un intérieur propre et spacieux, et des sièges ergonomiquement optimisés, Stella Vie est la première voiture familiale solaire à accueillir 5 personnes.
Grâce à un système de navigation solaire intégré, Stella vie trouve le chemin le plus efficace, et indique même combien d'énergie vous économiserez par rapport à une voiture standard à énergie fossile. À l'approche de votre destination, Stella vie vous offre une aide au stationnement. Point important, l'intelligence artificielle embarquée fonde la navigation sur une carte de probabilité d'ensoleillement, afin d'optimiser l'approvisionnement en énergie. Et bien entendu, Stella vie utilise également la dernière technologie V2X pour avertir le conducteur de la circulation à venir, permettant un voyage plus sûr et plus efficace.

STELLA VIE

清华大学紫荆花车队
516
ZEAL
310
NANYANG TECHNOLOGICAL UNIVERSITY
309
074
524
517

ECO-MARATHON

CONCEPTEUR : SHELL

PAYS : GRANDE-BRETAGNE

LANCEMENT : 2018

Regardez-les ! Tels les merveilleux fous volants sur leurs drôles de machines il y a un siècle, ils sont des dizaines et des dizaines à s'aligner sur leurs drôles de voitures au départ du marathon écologique organisé chaque année sous l'égide de Shell. Ces engins sont tous différents, mais ont cependant un point commun : aucun d'eux n'utilise de dérivés du pétrole. Certains emploient l'énergie solaire, d'autres des biocarburants. Et tous ont la même destination : un monde vert, écologique, qui aura tourné le dos pour toujours aux énergies fossiles.

MOTOS

Qu'elles se laissent conduire par un robot, piloter par une manette de jeux ou qu'elles s'envolent pour poursuivre les criminels, plus de doute à avoir : les motos se réinventent !

L'HOVERBIKE HORUS

CONCEPTEUR :
UNIVERSITÉ DE SHERBROOKE,
CHARLES BOMBARDIER ET MARTIN RICO

PAYS : CANADA (QUÉBEC)

LANCEMENT : FIN 2018

Bien plus qu'un simple engin futuriste, le concept Horus a pour objectif de lancer un nouveau sport mécanique. Imaginé par des étudiants en génie électrique de l'université de Sherbrooke au Québec, leur premier prototype devrait voir le jour d'ici à la fin de l'année 2018.

Un impressionnant moteur électrique fabriqué par l'industriel autrichien Rotax délivre 120 kW – une puissance permettant de dépasser allégrement les 200 km/h ! Il transmet sa puissance à un arbre en fibre de carbone relié à deux hélices de 1,6 m de diamètre. Ces hélices généreront la poussée de décollage et seront protégées par deux conduits et un filet pour assurer la sécurité du pilote.

À l'instar d'un turbo, des propulseurs latéraux fourniront également un coup de pouce pour augmenter la vitesse du véhicule. Ils seront alimentés par un moteur thermique léger de 12 kW. Telles des motos ou des voitures de course, Horus promet des sensations fortes aux pilotes ! De plus, avec la possibilité de voler n'importe où, ce nouveau type d'avion de sport léger permettra certainement de développer un tout nouveau marché pour les fans de sports motorisés…

Afin d'aider le pilote à conduire avec plus de confort, les concepteurs ont prévu quatre déflecteurs par hélice. Leur rôle est d'orienter les flux d'air et ainsi d'assurer un contrôle précis du roulis, du tangage, du lacet et de l'altitude.

L'hoverbike Horus est un nouveau type de véhicule sportif léger qui allie la liberté de voler et le plaisir de piloter une véritable moto de course.

Les combinaisons de motoneige et de vélo sont de toutes formes et de toutes tailles, mais peu sont aussi spectaculaires que le nouveau Snoped de Joey Ruiter. Conçu comme un « mélange entre l'art, le design, la mode et le style de vie », cet étonnant traîneau offre toute sa liberté de style à l'interprétation qu'un artiste peut faire d'un engin conventionnel.

SNOPED VERSION 2, LE TRAÎNEAU RÉINVENTÉ

CONCEPTEUR : JOEY RUITER

PAYS : ÉTATS-UNIS

LANCEMENT : 2018

Conçue par le designer Joey Ruiter, voici l'étonnante moto des neiges au profil peu commun. Cette machine à la couleur et au design révolutionnaires est dotée de formes inhabituelles pour un engin des neiges : elle ressemble à un bloc de glace noire taillé à grands coups de piolet dans un iceberg. Le Snoped 2 utilise un moteur 110 ch qui mobilise toute l'attention : entourée d'un cadre léger et d'une carrosserie aux formes saillantes, cette moto semble issue d'un rêve rétrofuturiste. Le design minimaliste va encore plus loin avec le design du phare intégré dans la calandre verticale à l'avant. Au centre, vous pouvez découvrir un siège de style « racer » recouvert d'un cuir de qualité suffisamment souple pour que vous soyez à l'aise en glissant le long des immenses pistes de neige blanche.

MOTOBOT, L'INCROYABLE ROBOT QUI SAVAIT PILOTER...

CONCEPTEUR : YAMAHA

PAYS : JAPON

LANCEMENT : NC

Et si un robot était capable de piloter n'importe quelle moto bien mieux que ne pourrait le faire le meilleur des champions ? Ce formidable pari semble déjà gagné par MOTOBOT, un robot humanoïde autonome, capable de prendre en main n'importe quel type de moto. À elle seule, la devise de Yamaha, le constructeur de cet extraordinaire robot, résume toute l'ambition du projet : « Au-delà des capacités humaines ». Car le but de MOTOBOT consiste à rivaliser avec les chronos du champion Valentino Rossi et, pourquoi pas, à le battre sur une piste de course. Selon les ingénieurs impliqués dans ce formidable défi, cette compétition hors normes permettra d'affiner les technologies très avancées sur lesquelles repose le robot pilote : l'objectif consiste à mieux comprendre le fonctionnement de l'être humain afin d'apporter, à terme, des solutions susceptibles d'améliorer l'existence de certains handicapés physiques.

Couché sur le réservoir de sa machine, ce robot calcule parfaitement ses trajectoires, évalue la puissance de ses accélérations, sans jamais se tromper : il pilote bien mieux qu'un être humain !

MOTOBOT, la moto de course robotisée créée par Yamaha dépasse la barre des 200 km/h sur circuit mais ne parvient pas encore à battre des coureurs professionnels.

LE MONOCYCLE SURPUISSANT ET AUTOÉQUILIBRÉ

CONCEPTEUR : JOHN DINGLEY

PAYS : GRANDE-BRETAGNE

LANCEMENT : 2018

Depuis quelques années, les engins dotés d'une seule roue envahissent les trottoirs et les rues. Dernier né de cette nouvelle famille de véhicules individuels, l'unibike de John Dingley, une étonnante moto à stabilisateur gyroscopique. Avec son unique roue équipée d'une selle et d'un guidon, elle se positionne comme une alternative au scooter électrique. Équipée d'un moteur électrique d'une puissance de 3 000 W, cette machine est capable d'atteindre en toute sécurité une vitesse de 50 km/h. Son équilibre gyroscopique est contrôlé par un ordinateur dont le système de détection de mouvements lui permet de réagir au moindre changement d'assiette. John Dingley, le constructeur de cette étonnante « motocyclope », affirme qu'il s'agit d'un engin plus performant que toute la gamme de ses concurrents.

UN CASQUE DE MOTO AVEC RÉALITÉ AUGMENTÉE

CONCEPTEUR : DIGILENS

PAYS : CANADA

LANCEMENT : 2018

Fort de sa technologie compacte de vision holographique à champ large, le groupe DigiLens a pour objectif d'enrichir le pilotage d'une moto grâce à un casque de réalité augmentée. Imaginez : il vous suffira d'enfiler normalement ce casque pour voir s'afficher sur la visière toutes les informations importantes associées à la route que vous allez emprunter. Vous continuerez à voir le paysage au-delà du casque tout en découvrant les informations dont vous aurez besoin pour optimiser votre voyage : conditions météorologiques, vitesse à ne pas dépasser, carrefour dangereux, embouteillages, trajectoire GPS, etc. Selon ses concepteurs, un tel système d'aide à la conduite permettra de mieux gérer ses déplacements, d'améliorer la sécurité et de réduire considérablement les accidents.

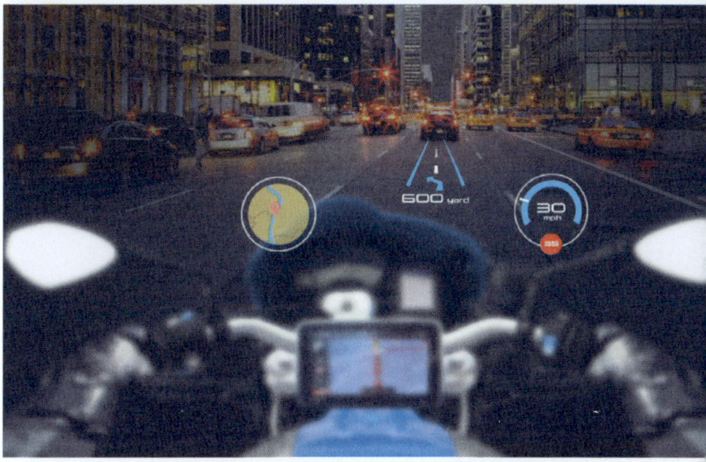

ELECTROM LEV, LE SCOOTER ÉLECTRIQUE

CONCEPTEUR : ELECTROM

PAYS : CANADA

LANCEMENT : 2018/2019

L'Electrom : un compromis presque magique entre le confort d'une voiture et la légèreté d'un vélo. Cet engin étonnant peut transporter 70 kg ou un petit passager. Protégé par un habitacle, vous pourrez pédaler sans effort et à vitesse constante grâce au système « générateur drive » qui gère la puissance délivrée par le petit moteur électrique qui assiste votre conduite.

Avec son cadre en aluminium et des pièces moulées en fibre de verre et de carbone, l'Electrom est conçu pour durer. Il comporte très peu de pièces mobiles et utilise principalement des composants de cycles disponibles dans tous les magasins de vélos.

RUDY
electro

Ce vélo électrique e-bike se contrôle avec un joystick.

JOYSTICKBIKE

CONCEPTEUR : JOYSTICKBIKE LAB

PAYS : SUISSE

LANCEMENT : 2018/2019

Avez-vous imaginé un jour faire du vélo comme jamais auparavant ? Ce rêve est désormais à votre portée grâce au Joystickbike. Il vous suffira de vous installer aux commandes de cet engin et de prendre le petit manche en main pour ressentir toutes les sensations d'un jeu vidéo ou d'un simulateur de vol. Le contrôle du joystick est naturel et très facile à appréhender. Piloter cet hybride entre le vélo et la moto dans les rues de la ville ou les chemins de montagne est aussi simple et amusant qu'un jeu. Propulsé par un moteur électrique, cet engin peut dépasser les 30 km/h en toute sécurité : une nouvelle façon de piloter votre vélo.

LA POIGNÉE DE MOTO RÉINVENTÉE

CONCEPTEUR : FRÉDÉRIC VELLUTINI (INOVELI)

PAYS : FRANCE

LANCEMENT : 2018

Prenez le futur à pleines mains : grâce à la poignée d'accélérateur conçue par INOVELI, qui combine l'extrême précision du pouce et la fermeture naturelle du poing, vous ferez l'expérience d'une nouvelle façon de piloter votre moto. Vous découvrirez une gestion des accélérations et du freinage plus efficace et plus intuitive que ce que vous avez connu : une révolution qui améliore de façon spectaculaire le contrôle de votre moto, ses performances et votre sécurité.

MOTOROÏD, LA MOTO (TRÈS) INTELLIGENTE

CONCEPTEUR : YAMAHA

PAYS : JAPON

LANCEMENT : NC

Voulez-vous prendre les commandes d'une moto plus « intelligente » que vous ? Voici la Motoroïd dont l'intelligence artificielle vous offrira une expérience quasi fusionnelle : vous ferez corps avec votre machine. La Motoroïd est capable de vous reconnaître et d'interagir avec vous comme un compagnon de vie. En relevant ce formidable défi technologique, Yamaha entend créer un couple unique entre le pilote et sa moto et, à terme, un nouveau type de relation homme/machine.

La Scorpion 3 est dotée de 4 hélices et pèse 95 kg à vide. Elle est capable de s'élever à raison de 5 m/s et de voler jusqu'à 70 km/h pendant 1 heure en moyenne.

Faisant fi des embouteillages et des obstacles, les agents survoleront les voitures pour vous intercepter en quelques minutes.

UNE MOTO VOLANTE POUR LA POLICE DE DUBAI

CONCEPTEUR : HOVERSURF INC.

PAYS : RUSSIE

LANCEMENT : 2018

La police de Dubai serait sur le point d'équiper certains de ses agents avec la Scorpion 3, qui n'est rien de moins qu'une moto volante ! Créée par la société russe Hoversurf, la disposition latérale de ses quatre hélices fait penser immédiatement à un drone. Mais ne vous y trompez pas, il s'agit bien d'une moto...

HOVERBOARDS

Alors que l'hoverboard est entré depuis peu dans notre quotidien, voici déjà une toute nouvelle génération encore plus surprenante...

Les hoverboards vous autorisent enfin à vivre l'aventure des grands espaces sur de longues distances.

ONEWHEEL+XR, L'HOVERBOARD ÉLECTRIQUE À UNE ROUE

CONCEPTEUR : FUTURE MOTION

PAYS : ÉTATS-UNIS

LANCEMENT : 2018

Comme son nom l'indique, cet hoverboard électrique roule sur une seule roue. L'épaisseur de cette dernière fait penser à une roue de kart, et l'équilibre est d'autant plus facile à trouver. La particularité du Onewheel+XR est d'être véritablement tout-terrain que l'on soit en ville ou dans la nature sur d'impressionnants trajets pouvant aller de 20 à 30 km selon les pentes et obstacles surmontés. La vitesse est celle d'une voiture en centre-ville, soit environ 30 km/h. En revanche, ne cherchez pas des fonctions ou boutons sophistiqués, Onewheel est d'une efficacité biblique : appuyez vers l'avant, vous accélérez. Appuyez vers l'arrière, vous freinez… c'est tout !

LE LOOMO ROBOT FAIT DE L'HOVERBOARD

CONCEPTEUR : SEGWAY ROBOTICS

PAYS : ÉTATS-UNIS

LANCEMENT: 2018

Il fallait y penser : votre hoverboard fera également office de robot compagnon ! Équipé de la caméra RealSense d'Intel qui permet la vision en profondeur, la reconnaissance faciale et le suivi de personne, le robot peut vous suivre et vous aider dans vos tâches quotidiennes, porter vos courses, remplacer une poussette pour des enfants sachant marcher. Son intelligence artificielle apprendra vos trajets et habitudes. Il peut également prendre des photos, faire de la télésurveillance… et plaisanter !

Votre robot compagnon vous portera vous, vos enfants et vos courses !

VÉLOS

Glissant dans un monde à deux dimensions, le vélo a conquis la Terre. Mais toujours plus léger, plus résistant, plus maniable, le voilà désormais sur l'eau. Et bientôt même dans les airs !

LA PICYCLETTE

CONCEPTEUR : WE ARE PI

PAYS : PAYS-BAS

LANCEMENT : 2018

Souvenez-vous : l'une des plus célèbres photos d'Einstein est celle où on le découvre perché sur un vélo, faisant le tour de son jardin. Or ce jour-là, admiratif devant le cercle des roues, il a lancé : « Le nombre pi est plus grand que l'Univers. » Et pour cause ! L'Univers est fini tandis que les décimales de pi s'envolent vers l'infini. Et voici un double hommage à Einstein à pi : la Picyclette, étonnant deux-roues dont le cadre en fibres ultralight n'est autre que… le nombre pi !

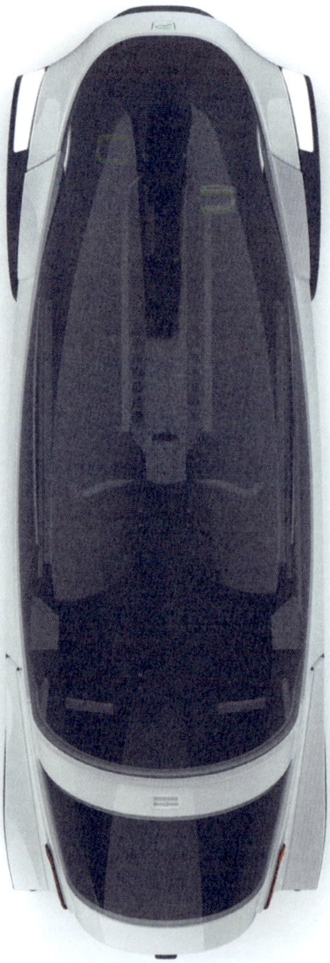

Vous en aviez rêvé depuis votre enfance : voici enfin à votre taille la première voiture à pédales pour adultes !

PODBIKE, LA VOITURETTE À PÉDALES RÉINVENTÉE

CONCEPTEUR : PODBIKE AS

PAYS : NORVÈGE

LANCEMENT : 2019

Sans doute aussi révolutionnaire que l'iPod en musique, la Podbike s'apprête à bouleverser le vélo autant que l'automobile ! Ce « vélomobile » est d'abord un vélo, que vous pouvez lancer sur les routes en pédalant. Petit détail, vos pédales ne sont pas reliées à une chaîne mais à un générateur qui alimente les moteurs indépendants placés dans les roues arrière. Et avec cette assistance électrique, vous pouvez atteindre les 25 km/h sans effort. À l'avenir, la vélomobile Podbike se garera toute seule, rechargera sa batterie et viendra vous chercher quand vous le demanderez.

LA PISTE CYCLABLE RÉINVENTÉE

CONCEPTEUR : BMW

PAYS : ALLEMAGNE

LANCEMENT : NC

Et si vous vous déplaciez en vélo au-dessus des voies de circulation et des bruits de la ville ? Tel est le concept de piste surélevée proposé par « BMW Vision E^3 Way » : désormais, les vélos se déplaceront dans les mégalopoles sur des pistes spécialement conçues pour les hisser le plus haut possible au-dessus des obstacles et des immeubles.

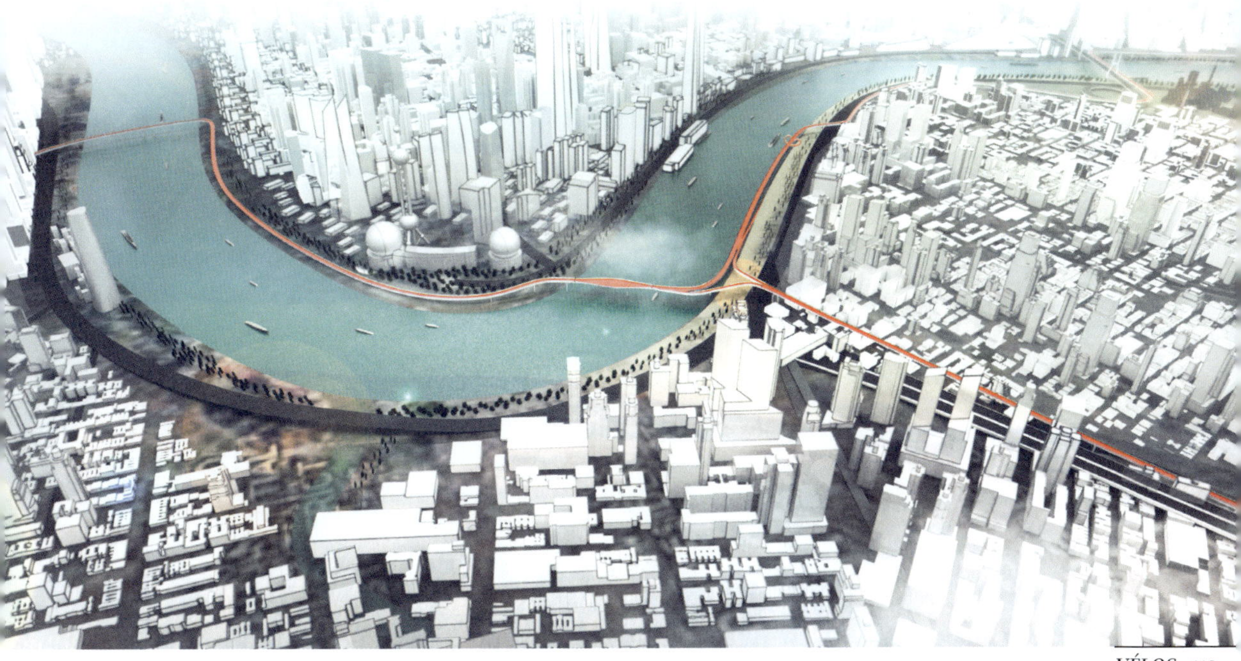

Afin de permettre au vélo de se métamorphoser, il a fallu franchir un obstacle redoutable : faire en sorte que la roue puisse « rapetisser » et devenir compacte. Par un procédé unique au monde introduisant des articulations sur des points critiques, le miracle d'une roue modifiable est désormais possible.

Voulez-vous rapetisser votre roue de vélo jusqu'à la rendre quatre fois plus petite ? Retirez vos roues et repliez-les sur elles-mêmes en quelques instants ! (Ci-contre en médaillon.) Et voici l'incroyable : votre vélo s'est métamorphosé en trottinette !

Et si vous en avez assez de la trottinette et du vélo classique, vous pouvez également configurer votre engin en un grimpeur tout-terrain, capable d'affronter les chemins les plus cahoteux.

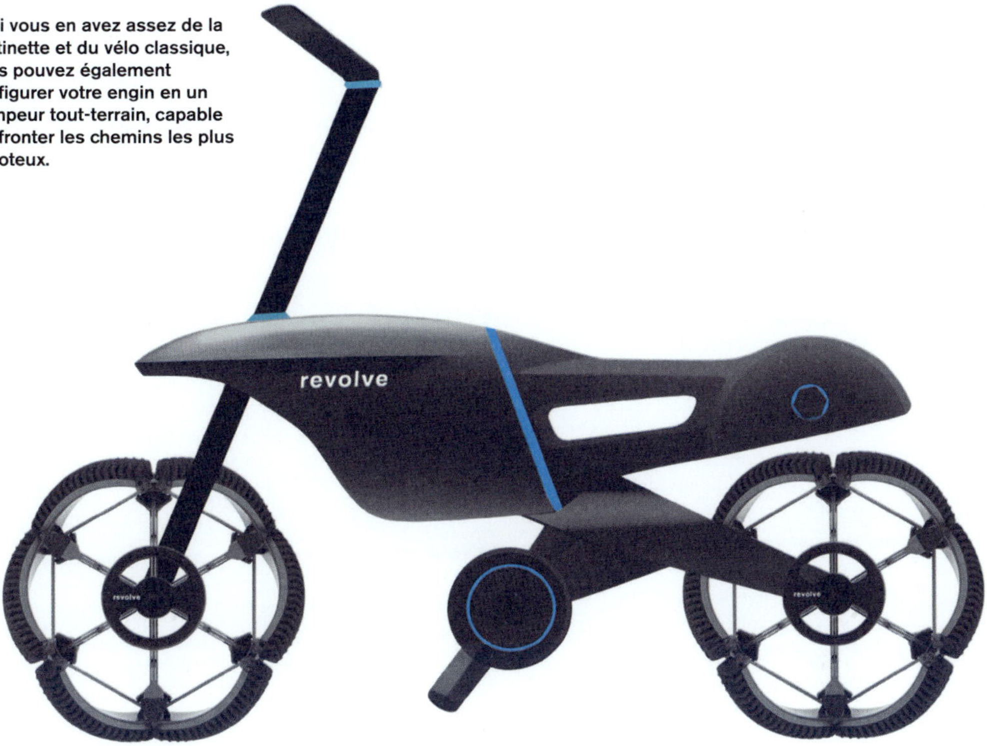

Il est possible de rapetisser votre vélo jusqu'à ce qu'il atteigne à peine 60 % de sa taille originelle. Vous pouvez alors le stocker n'importe où chez vous, et même dans le train ou en avion.

REVOLVE WHEEL, LA ROUE DE VELO ORIGAMI

CONCEPTEUR : ANDREA MOCELLIN

PAYS : ALLEMAGNE

LANCEMENT : 2018/2019

La topologie ! De quoi s'agit-il ? D'une discipline mathématique qui permet de comprendre comment on passe continûment d'une forme à une autre. Et c'est bien cette science, jointe à une redoutable maîtrise du pliage, qui, pour la première fois, fait du vélo un époustouflant « transformer » ! Un vélo ? Oui bien sûr, et qui roule aussi bien que le vôtre. Mais aussi une trottinette, une planche de skateboard, une brouette ou un sac à dos ! Car telle la citrouille de Cendrillon qui se change en carrosse, le vélo origami peut se transformer en tout ce que vous avez sous les yeux sur cette page et bien plus, au gré de vos envies ou de vos besoins. Cette première mondiale nous fait entrer dans une ère nouvelle où les objets de la vie quotidienne créent de nouveaux espaces de plaisir, de sécurité et de liberté.

LOCOBIX, LE TRANSPORT AUTONOME ÉTROIT

CONCEPTEURS : CHARLES BOMBARDIER ET ADOLFO ESQUIVEL

PAYS : CANADA

LANCEMENT : NC

Le Locobix est un véhicule de transport urbain étroit conçu pour rouler dans les petites rues de la ville. Ce bus autonome pourrait accueillir 5 passagers et recharger ses batteries en activant des bornes de recharge sans fil le long de son parcours. Assez large pour transporter des vélos disposés debout et assez étroit pour emprunter de petites ruelles, les passagers resteront debout à côté de leur vélo. Les côtés du Locobix seront ouverts afin de faciliter les allées et venues dans le bus. Sans conducteur, il sera en mesure de repérer les passagers qui veulent monter à bord et déposer les utilisateurs n'importe où le long de son itinéraire.

Locobix pourra effectuer des déplacements sur de petites distances en centre-ville, en évitant les embouteillages grâce des itinéraires habituellement non accessibles aux transports en commun à cause de leur étroitesse.

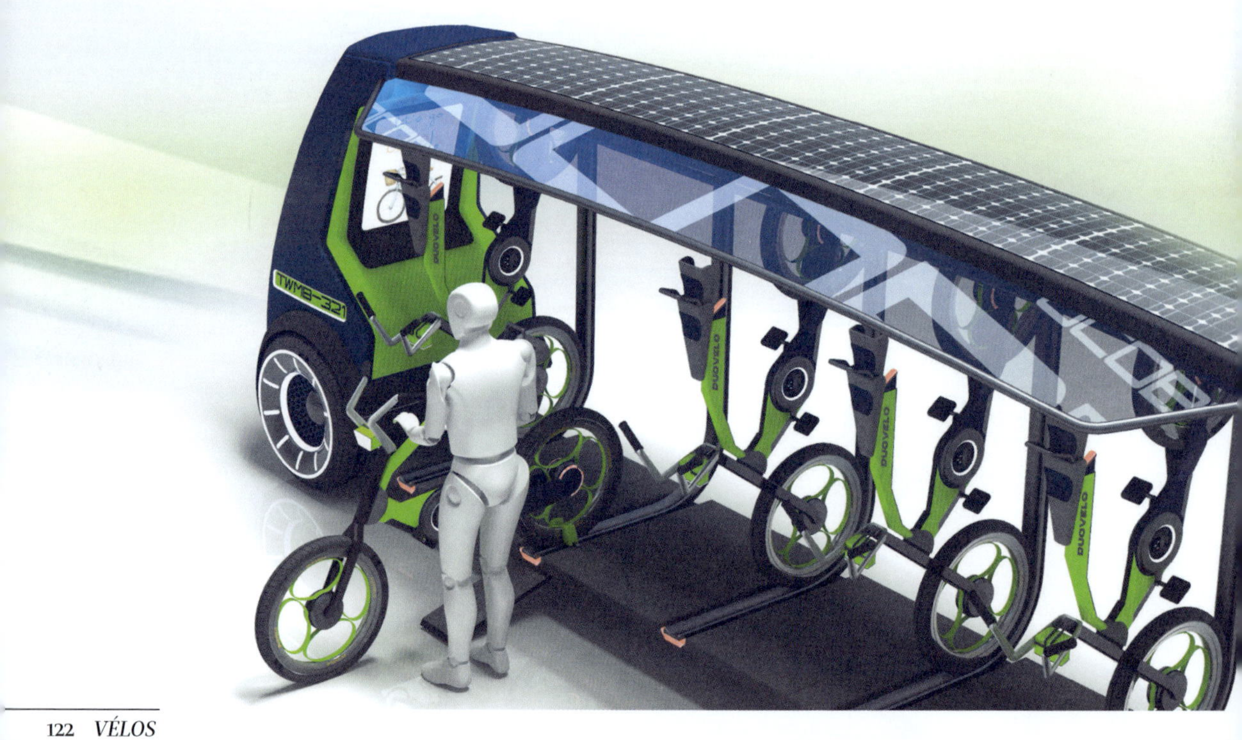

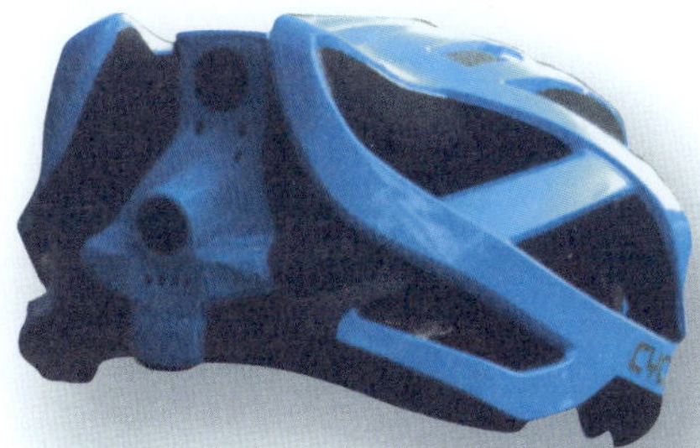

CYCLEVISION, LE CASQUE À 360°

CONCEPTEURS : ROBERT ASKER ET CYCLEVISION

PAYS : AUSTRALIE

LANCEMENT: 2018/2019

Et si, pour une fois, juché sur votre vélo, vous pouviez contempler le paysage comme un oiseau ? Ou mieux encore, comme une abeille, c'est-à-dire voir ce qui se passe derrière vous ? Un rêve ? Non ! Une réalité, grâce à un extraordinaire casque de vision à 360°. Il est en effet équipé de 2 caméras. La première, frontale, permet de saisir le panorama à l'avant. Mais la plus intéressante est fixée à l'arrière. Grâce à ce troisième œil, vous pouvez voir tout ce qui se passe dans votre dos. De quoi ne jamais vous laisser surprendre et assurer vos arrières !

ANTIVOL DE VÉLO ULTIME

CONCEPTEUR : VANMOOF

PAYS : PAYS-BAS

LANCEMENT : 2018

Le chiffre fait frémir : 500 000 vélos ont été déclarés volés en France en 2017 ! Il fallait donc trouver la parade. En finir avec la catastrophe du vélo que vous attachez dans la rue et que vous ne retrouvez pas le lendemain. Dire adieu aux chaînes et autres systèmes archaïques pénibles à fixer et finalement inefficaces. À partir de maintenant, vous allez pouvoir sécuriser votre précieux compagnon mécanique à 100 %. Comment ? En installant l'antivol ultime. Un système de reconnaissance blootooth ultrasensible qui vous a identifié et vous reconnaît. Aussitôt qu'un intrus a le malheur de frôler votre vélo, l'antivol pousse des hurlements stridents qui mettent en fuite les voleurs les plus déterminés. De plus, on peut localiser l'engin à chaque instant. Ouf ! Votre vélo est sauvé. Et définitivement protégé.

VÉLO DE COURSE CATAMARAN

CONCEPTEUR : RED SHARK EUROPE

PAYS : ESPAGNE

LANCEMENT : 2018

Imaginez… D'un côté les flotteurs d'un trimaran, de l'autre votre bicyclette. Imaginez maintenant le mariage des deux. Quel est le résultat ? Tout simplement un vélo trimaran. Or, cet étonnant engin hybride vient de naître et va bientôt vous permettre d'affronter les vagues en pédalant sur votre vélo. Chaque coup de pédale fait tourner une hélice et vous propulse en avant. L'engin est d'une grande stabilité et avec ses 15 km/h de croisière, il pourrait vous permettre de rallier les côtes anglaises en un peu plus de deux heures !
Et déjà, les organisateurs des grandes courses maritimes rêvent d'organiser le tour de France… par la mer ! Serez-vous au départ ?

MANTA5, LE VÉLO HYDROFOIL

CONCEPTEUR : MANTA5
PAYS : NOUVELLE-ZÉLANDE
LANCEMENT : 2018/2019

Après tout, pourquoi ne pas faire un petit tour dans l'eau sur sa bicyclette ? Impossible ? Pas pour l'Hydrofoiler, l'incroyable vélo à eau ! Les roues sont remplacées par des hélices et les garde-boue par des foilers, astucieux systèmes hypersustentateurs. Il vous suffira de quelques minutes pour maîtriser l'engin et vous lancer sur l'eau comme sur une piste. Voulez-vous pédaler ? Pas de problème ! Tout comme sur votre bonne vieille bicyclette, vous disposez d'un dérailleur qui vous permet d'ajuster votre coup de pédale. Un petit coup de fatigue ? L'Hydrofoiler dispose d'un moteur électrique silencieux conçu pour les lacs, les rivières et l'océan. Prêt pour la traversée de l'Atlantique ?

L'AIRBAG POUR VÉLO !

CONCEPTEUR : HÖVDING

PAYS : SUÈDE

LANCEMENT : 2018

Environ 1 000 ! Tel est le nombre de blessés par accident de vélo en 2017 en France ! Un chiffre hélas en augmentation chaque année. Mais bonne nouvelle, il pourrait bien baisser à partir de 2019. Pourquoi ? Parce que vient d'être mis au point le tout premier Airbag pour vélo ! Une chute ? Tout va bien ! En un éclair, un casque protecteur vous enveloppe la tête. Sauvé ! Et quelques instants plus tard, vous pouvez remonter en selle…

TRANSPORTS EN COMMUN

Tout à la fois révolution énergétique, urbaine, architecturale, technologique, sociétale ou économique, les transports en commun sont à la croisée de tous les chemins... du futur ! En nous sauvant du traditionnel déplacement pendulaire maison/travail, ils nous promettent l'abolition des distances et du temps perdu. Bienvenue dans la ville de demain !

FÜNAMBUL, LE TOURISME SUR LA CORDE RAIDE

CONCEPTEURS : CHARLES BOMBARDIER ET MARTIN RICO

PAYS : CANADA (QUÉBEC)

LANCEMENT : NC

Le Fünambul est un concept de véhicule touristique imaginé pour traverser les grandes villes par le sommet des immeubles. Et selon son inventeur, l'ingénieur québécois Charles Bombardier, les cabines du Fünambul pourraient aussi se déplacer verticalement en utilisant les cages d'ascenseur…

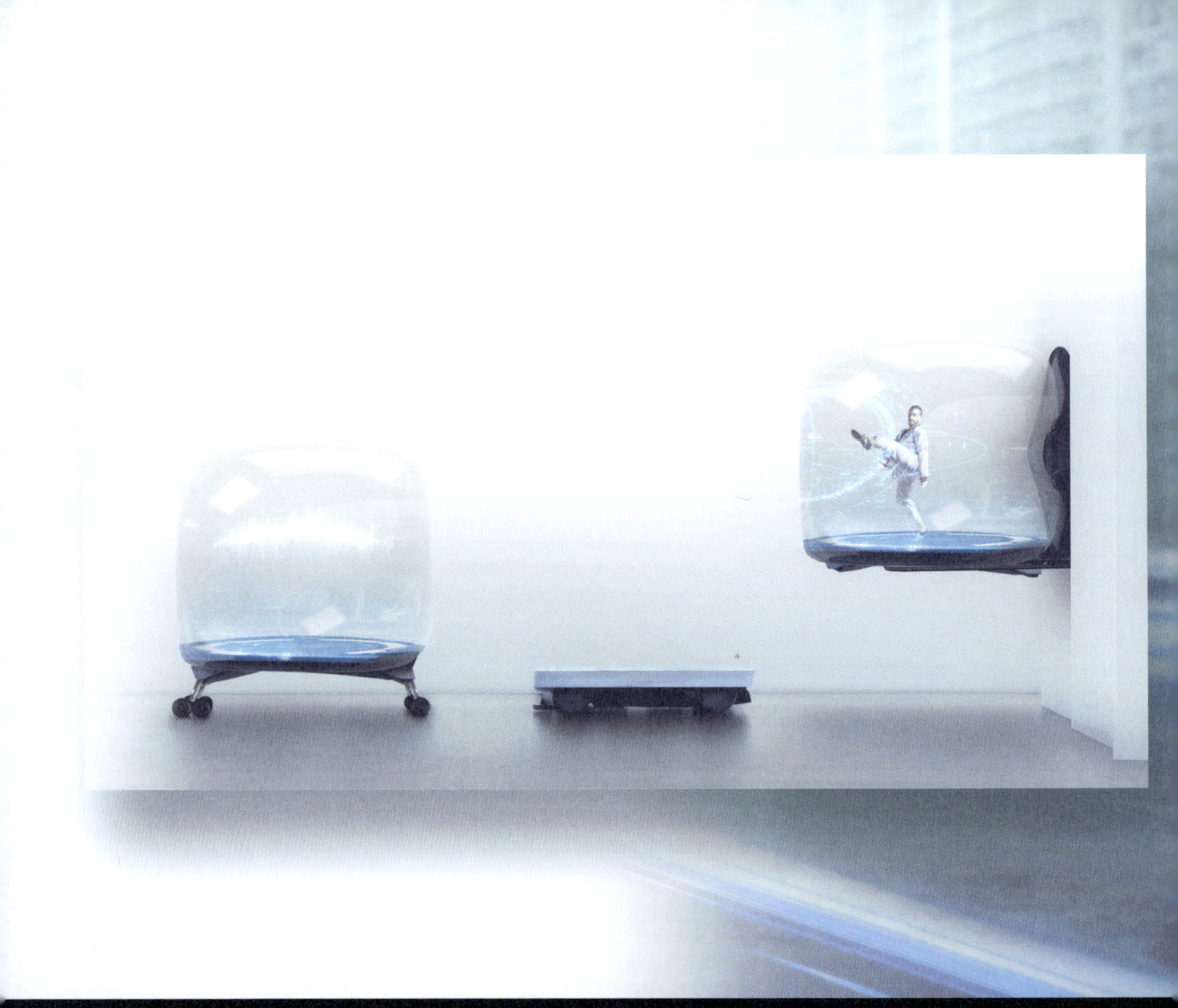

DES BULLES DE TRANSPORT URBAIN HORIZONTAL ET VERTICAL

CONCEPTEUR : OIIO STUDIO

PAYS : ÉTATS-UNIS

LANCEMENT : NC

Et si nous étions en mesure de disséquer une voiture en différents composants employés distinctement selon des circonstances données ?
Tel est le credo des designers de Oiio Studio, pour lesquels il est possible qu'à l'avenir, les gens de Los Angeles n'utilisent plus qu'une cabine de véhicule grâce à une circulation centralisée contrôlée par l'intelligence artificielle de la ville. Los Angeles serait alors en mesure d'inviter ses habitants et ses visiteurs dans les rues libérées de l'ancien débordement des véhicules…

Des bulles urbaines autonomes se déplacent à l'horizontale ou à la verticale dans un Los Angeles futuriste...

SNAP, LA CAPSULE URBAINE AUTONOME

CONCEPTEUR : RINSPEED

PAYS : SUISSE

LANCEMENT : NC

Voici un bus électrique en deux parties conçu pour être recyclé et mis à jour afin de suivre le rythme des technologies automobiles en évolution rapide. Différents composants du véhicule s'enclenchent. Élément modulaire, la nacelle est construite pour transporter des passagers et la partie motorisée du véhicule, pour porter cette nacelle. Lorsqu'elle n'est pas transportée, la cabine peut servir d'espace commercial, ou de lounge... Est-il nécessaire de vous préciser que Snap est un véhicule électrique autonome ?

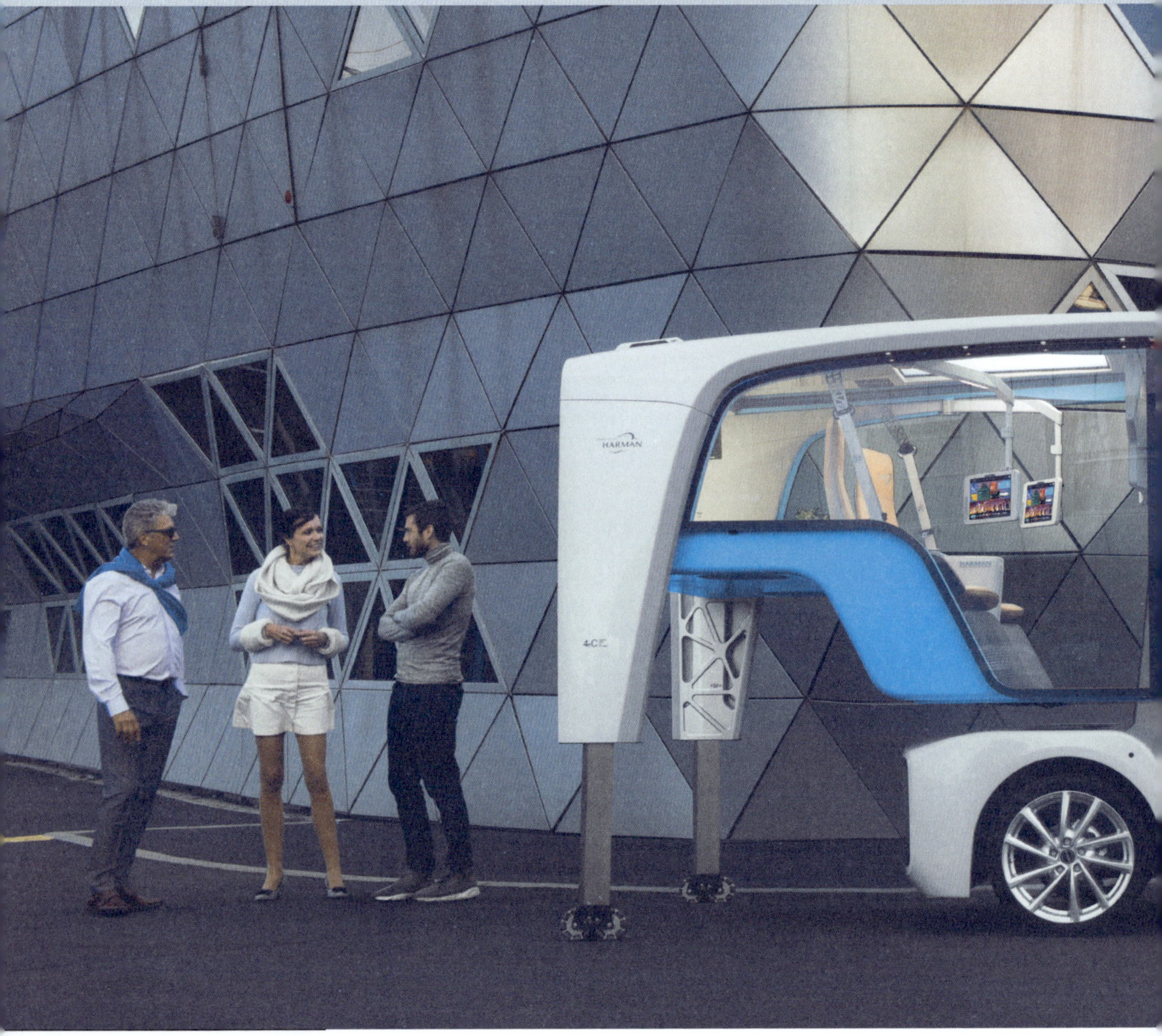

HARMAN
ZF

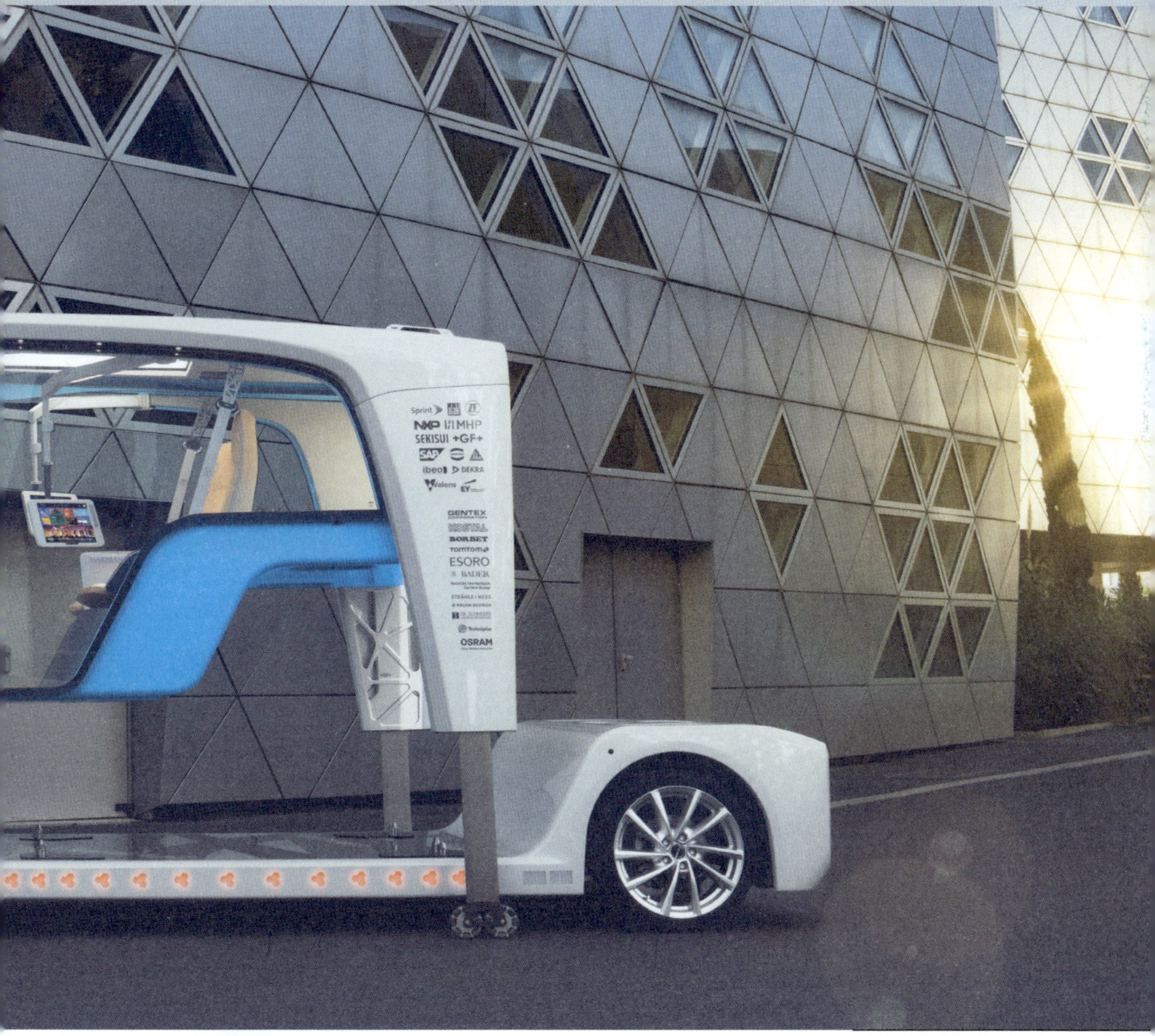
Sprint
ZF
NXP
MHP
SEKISUI
+GF+
SAP
ibeo
DEKRA
Valens
EY
GENTEX
BORBET
TomTom
ESORO
BADER
OSRAM

CABIN, LE BUS WAGON-LIT

CONCEPTEUR : TOM CURRIER

PAYS : ÉTATS-UNIS

LANCEMENT : 2018

Qui n'a jamais rêvé de prendre un véritable train de nuit ? L'entrepreneur américain Tom Currier a eu l'idée de décliner ce concept en aménageant un bus qui relie San Francisco à Los Angeles quotidiennement. Départ à 23 h et arrivée à 7 h du matin ! Vingt-quatre cabines individuelles se répartissent sur deux étages. Outre des draps et un oreiller, ces cabines disposent également de rideaux d'intimité, de la climatisation, d'une fenêtre, d'une liseuse, d'une prise de courant et de bouchons d'oreilles gratuits – bien que les murs soient réputés insonorisés. Il y a aussi un salon pour les personnes qui souhaitent partager des moments en groupe, une salle de bains équipée de W-C et d'un lavabo. Et on n'oublie pas le thé et le café servis à volonté par les stewards à bord !

Airlander 10 vous transporte silencieusement et vous offre la possibilité d'atterrir n'importe où dans le monde.

AIRLANDER 10, LE DIRIGEABLE EN 1RE CLASSE

CONCEPTEUR : HYBRID AIR VEHICLES

PAYS : ÉTATS-UNIS

LANCEMENT : NC

Les passagers du dirigeable Airlander disposeront bientôt de luxueuses chambres privées avec salle de bains privative, depuis lesquelles ils pourront profiter de vues aériennes extraordinaires. Alors que vous évoluez silencieusement dans les nuages, un restaurant de 18 places assises vous offrira une cuisine raffinée... Airlander 10 peut décoller et atterrir sur pratiquement toute surface plane, éliminant ainsi le besoin d'infrastructures traditionnelles comme les aéroports. Cela ouvre des opportunités inédites pour des expéditions de luxe vers des endroits que les transports existants ne peuvent pas atteindre.

Avec son rayon de braquage nul, les conducteurs peuvent effectuer des virages à 360° sur place. Et même entrer dans un ascenseur !

MULTIMOBBY, UN BUS AUTONOME D'INTÉRIEUR

CONCEPTEURS : SPECIAL MOBILITY ET STUDIO ROTOR

PAYS : PAYS-BAS

LANCEMENT : 2018

Un minibus d'intérieur, il fallait y penser ! En effet, comment transporter les passagers d'un aéroport jusqu'à leur porte – d'une manière sûre, confortable et efficace ? Voici un véhicule de transport électrique adapté aux besoins spécifiques des aéroports et des passagers. Le siège du conducteur est surélevé afin d'assurer une surveillance élargie de l'environnement et la vitesse est automatiquement réduite par l'ordinateur de bord si nécessaire pour éviter une collision. Les portes latérales sont suffisamment hautes pour empêcher les voyageurs de sortir leurs bras. De plus, un ensemble complet de capteurs surveille les obstacles et les personnes à l'extérieur du véhicule.

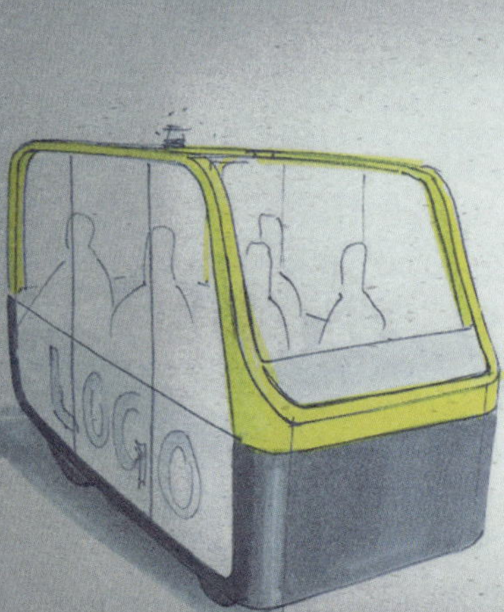

TRAINS

Voici des trains Hyperloop qui émergent dans le monde entier. La révolution ferroviaire est en marche. Mais n'oublions pas pour autant nos vieilles locomotives qui apprennent à devenir autonomes...

Un tunnel suspendu HyperloopTT de 139 km reliant Abu Dhabi et Dubai à travers le désert devrait être inauguré d'ici à 2020, date de l'Exposition universelle de Dubai. Les deux villes ne seront plus qu'à 12 minutes de distance au lieu de 1 h 30 actuellement.

HYPERLOOP D'ABU DHABI

CONCEPTEUR : HYPERLOOP TRANSPORTATION TECHNOLOGIES (HYPERLOOPTT)

PAYS : ÉMIRATS ARABES UNIS

LANCEMENT : 2020

Les passagers et les capsules d'Hyperloop TT planeront littéralement à travers un réseau de tubes à basse pression entre plusieurs villes des Émirats. La lévitation magnétique, un moteur à induction linéaire combiné avec un tube dans lequel l'air a été considérablement réduit, permet à la capsule de se déplacer à grande vitesse avec une friction quasi nulle.

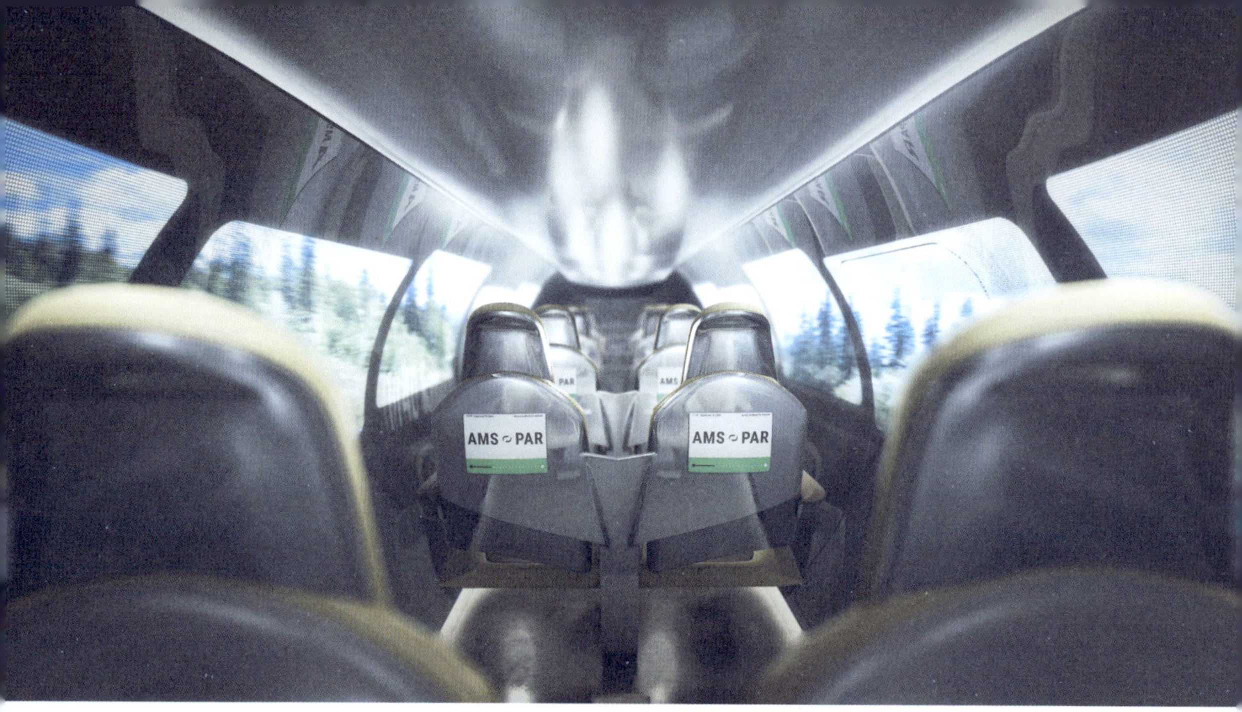

L'HYPERLOOP DE L'UNIVERSITÉ TU DELF

CONCEPTEUR : TU DELFT

PAYS : PAYS-BAS

LANCEMENT : NC

Pour stimuler le développement d'un prototype fonctionnel, la société SpaceX d'Elon Musk organise le concours Hyperloop. Pendant l'été 2018 se sont opposés en Californie plus de 20 universités du monde entier. L'enjeu est de pouvoir présenter un prototype fonctionnel de capsule Hyperloop et de battre le record de vitesse de 384 km/h. Parmi les plus évoluées, celle d'une équipe de 37 étudiants de l'université technique de Delft, aux Pays-Bas.

Cette compétition consiste à voyager avec une capsule à travers un tube basse pression de 1,6 km de long, construit par SpaceX en Californie. L'Hyperloop de l'équipe de Delft se compose de deux parties : le lanceur et le module passager. La combinaison d'un moteur surpuissant avec une capsule ultralégère devrait permettre d'établir un nouveau record.

La capsule TU Delft utilise un lanceur pour battre le record du monde Hyperloop de 384 km/h.

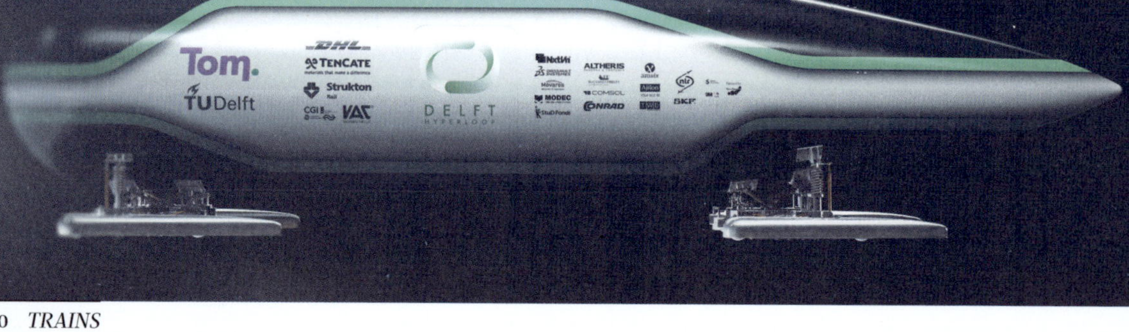

HYPERLOOP ONE

CONCEPTEURS :
JOSH GIEGEL
ET SHERVIN OISHEVAR

PAYS : ÉTATS-UNIS

LANCEMENT : 2020

L'entrepreneur Richard Brownson, déjà initiateur de Virgin Galactic, la première compagnie de tourisme spatial, nous promet de tout transporter (fret et passagers) en un rien de temps. Après des essais (visuels ci-contre) dans le désert du Nevada, le voici comme ses concurrents à l'assaut des Émirats arabes, mais aussi de l'Inde. « En créant un vide total, nous avons littéralement mis le ciel dans un tube, comme si vous voliez à 60 000 m d'altitude », affirme Shervin Pishevar, le promoteur du projet.

Hyperloop One nous promet de résoudre les défis de la société moderne : surpopulation des villes, congestion routière et pollution.

La construction d'un circuit de plusieurs kilomètres dans le désert du Nevada a pour objectif d'établir les premiers essais au monde à vitesse réelle maximale, soit 1 200 km/h.

Le train solaire a des batteries d'une puissance équivalente à une voiture Tesla Model S soit 77 kW/h, sachant qu'il ne lui faudra que 4 kW/h pour faire un seul trajet.

LE TRAIN SOLAIRE

CONCEPTEUR :
BYRON BAY RAILROAD COMPANY

PAYS : AUSTRALIE

LANCEMENT : 2018

Byron Bay Railroad Company, société australienne de transport ferroviaire de personnes, a réaménagé un vieux tronçon de 3 km, et a restauré un train ancien en l'équipant d'une installation photovoltaïque de 6,5 kW avec des panneaux solaires flexibles. Et un service commercial complet a été lancé en 2018.

Désormais, 100 passagers assis peuvent monter dans le train solaire – et il y a également de la place pour les bagages, les vélos… et les planches de surf ! Le tarif pour un aller simple est de 3 dollars seulement pour parcourir une dizaine de kilomètres.

Le premier train 100 % solaire au monde est australien !

LE PREMIER TRAIN ENTIÈREMENT AUTOMATISÉ AU MONDE

CONCEPTEUR : RIO TINTO

PAYS : AUSTRALIE

LANCEMENT : 2019

Rouler sur des milliers de kilomètres à travers un continent désertique était un véritable handicap pour le développement industriel de Rio Tinto, une société australienne spécialisée dans l'exploitation du minerai de fer. Déjà à l'origine de Mine of the Future, le tout premier système de forage automatisé, mais surtout d'AutoHaul, le premier transport autonome de marchandises par camion, Rio Tinto inscrit une nouvelle date dans l'histoire des transports : un train autonome « longue distance ». Lancé avec succès dès 2017, des conducteurs restent présents par sécurité... mais d'ici le début de l'année 2019, Rio Tinto atteindra 100 % d'autonomie sans personne à son bord. Dès lors, malgré son allure vintage, ses 200 trains pourront circuler sur 1 700 km de réseau ferré, 24 h/24 et sans jamais s'arrêter...

TRAIN À HYDROGÈNE

CONCEPTEUR : ALSTOM

PAYS : FRANCE ET ALLEMAGNE

LANCEMENT : 2021

L'Allemagne et la société française Alstom ont signé un accord prévoyant la construction et la mise en service de 14 trains à hydrogène d'ici à 2021...
Avec un seul réservoir d'hydrogène, les trains peuvent parcourir 1 000 km et atteindre une vitesse maximale de 140 km/h.

VÉHICULES HYBRIDES

Les ingénieurs ont toujours tenté, plus ou moins adroitement, d'associer différents modes de propulsion au sein d'un même engin. Mais depuis peu, les progrès de l'intelligence artificielle, du stockage de l'énergie et de la physique des matériaux rendent leurs rêves enfin possibles...

BISKI, LA MOTO JETSKI

CONCEPTEUR : ALAN GIBBS

PAYS : NOUVELLE-ZÉLANDE

LANCEMENT : 2018

Biski est une moto amphibie qui change de mode de propulsion en appuyant sur un simple bouton ! En un instant, elle passera de la moto au jetski, et inversement. Mais n'ayez pas peur d'appuyer par mégarde sur la fonction moto en plein milieu d'un lac : loin de couler, l'engin se maintiendrait à la surface malgré ses 225 kg. Enfin, ses feux de signalisation sont adaptés au code de la route et maritime, et sa traction lui permet de sortir de l'eau sans patiner dans la boue du rivage…

Le moteur de Biski permet d'évoluer à 130 km/h sur route et 59 km/h sur l'eau.

AIRFISH 3, L'AVION-BATEAU HYBRIDE

CONCEPTEUR : WIGETWORKS

PAYS : CHINE (SINGAPOUR)

LANCEMENT : NC

N'avez-vous jamais été inconfortablement assis sur un bateau par une mer agitée ? Le retour au port n'étant pas pour tout de suite, vous vous mettez à imaginer que vous pouvez voler et vous libérer en quelques secondes de tous vos maux... Cette réalité est désormais possible, grâce à l'AirFish 3 ! Et cet hybride bateau-avion pourrait révolutionner le voyage par la mer.
Wigetworks, une société basée à Singapour, a construit un prototype qui vogue... au-dessus de l'eau. Et, grâce à son aérodynamisme, AirFish3 consomme moins de carburant qu'un bateau tout en bénéficiant d'une vitesse beaucoup plus élevée. En effet, il peut atteindre des vitesses allant jusqu'à 193 km/h et pourrait ainsi être utilisé pour des opérations de sauvetage ou plus classiquement comme navette pour transporter des passagers d'une île à une autre. Enfin, AirFish 3 glisse littéralement sur un coussin d'air d'environ 1 à 2 m au-dessus de l'eau de mer. Mais en tant que véhicule aquatique, il ne nécessite aucune piste pour le décollage et l'atterrissage. Par conséquent, il n'y a aucune autorisation ou taxe à payer pour le faire voler !

AirFish 3 est facile à piloter, ce qui en fait un véritable bateau de plaisance. Cependant, il fonctionne avec de l'essence et il est propulsé par un moteur de voiture. Mais bientôt, une nouvelle version de l'engin pourrait intégrer un moteur électrique.

Pour répondre aux besoins spécifiques des activités de loisir, il sera possible de séparer l'aile principale du corps de l'engin, afin de remorquer le Vertex avec une voiture.

Vertex pourrait révolutionner le transport de marchandises dans les zones maritimes.

LE VERTEX RECREATIONAL VEHICLE

CONCEPTEUR : EXCLIN

PAYS : GRANDE-BRETAGNE

LANCEMENT : NC

Avec une vitesse maximale de 150 km/h, le véhicule Vertex Recreational Vehicle offrira à ses pilotes un survol à basse altitude au-dessus de l'eau particulièrement impressionnant. Grâce à la technologie Wing in Ground-Effect (WIG), peu importe la profondeur de l'eau, ou la force des marées, il devient possible de se promener partout à proximité des îles ou de la côte, que l'on soit sur l'eau ou sur le sable ! Et parce qu'il vole relativement près de l'eau ou de la terre sans les toucher, le Vertex sera plus économe en carburant qu'un avion et plus rapide qu'un bateau.

De plus, une autre technologie surprenante baptisée VLS Vertex Lift System ajoute une « poussée d'ascensionnelle » supplémentaire tout en garantissant la stabilité de l'habitacle, et ce, quelle que soit la vitesse. Ainsi, grâce au VLS, le Vertex peut en théorie dépasser 150 m d'altitude ! Pour autant son fabricant le fera homologuer dans la catégorie B des engins volants pour que tout le monde puisse le piloter sans avoir besoin de licence…

SOUS L'EAU

La conquête des fonds marins s'ouvre à ceux qui s'en donneraient les moyens.
Le sous-marin n'est plus le privilège de la marine ou des chercheurs, nous sommes tous des capitaines Nemo en puissance. Les premiers engins aquatiques individuels sont fabriqués par des constructeurs de voitures de luxe.
Et très bientôt, des appareils biomimétiques reproduiront l'anatomie des poissons pour mieux se déplacer...

Grâce à son intelligence artificielle, Aronax pourra décider de secouer un tentacule coincé ou de bouger celui-ci avec délicatesse si un poisson ou une créature marine était tout près.

ARONAX

CONCEPTEURS : CHARLES BOMBARDIER ET BORIS SCHWARZER

PAYS : CANADA/ÉTATS-UNIS

LANCEMENT : NC

Aronax est un concept de sous-marin biomimétique. Entendez par là qu'il sera équipé de six longs tentacules flexibles constitués d'une matière organique artificielle reproduisant les fonctions musculaires. En recevant une impulsion, les muscles se contracteront, créant ainsi une force vers l'arrière pour propulser l'Aronax. Conçu pour 2 passagers, l'habitacle sera muni d'une « canopée transparente » et il offrira dès lors une expérience immersive unique en son genre.

TRITON

LE SOUS-MARIN INDIVIDUEL NEPTUNE PAR ASTON MARTIN

CONCEPTEURS : ASTON MARTIN ET TRITON SUBMARINES

PAYS : GRANDE-BRETAGNE

LANCEMENT : 2019

Aston Martin, célèbre fabricant de voitures de luxe, et le sous-marinier Triton Submarines, ont conçu un sous-marin de luxe baptisé « Projet Neptune ». Ce submersible offre à ses passagers près de 360° de visibilité. Neptune pourra plonger à des profondeurs de 500 m et transporter 2 personnes et un pilote. En améliorant l'efficacité hydrodynamique, en réduisant la zone frontale et en augmentant la puissance motrice, les concepteurs sont parvenus à une vitesse de plus de 5 nœuds, soit 10 km/h environ.

POWERRAY, LE ROBOT PÊCHEUR

CONCEPTEUR :
POWERVISION ROBOT CORP.

PAYS : CHINE

LANCEMENT : 2018

Le PowerRay est un étonnant robot pêcheur de 3,8 kg. Il est équipé de trois hélices, deux situées à l'arrière pour propulser et diriger horizontalement le drone et une troisième au centre pour gérer la profondeur. Son autonomie est de quatre heures et sa vitesse de 120 m/h, soit 2 m/s. Grâce à une perche située devant la caméra, il est possible d'attacher un appât lumineux. Il vous est ensuite aisé d'utiliser un smartphone pour voir votre robot en plein travail sous l'eau… ou un casque de réalité virtuelle qui vous permettra de vous immerger visuellement en 4K (Ultra HD) tout en restant au sec sur le bateau. Enfin, un radar optionnel vous aide même à repérer les bancs de poissons pour forcer votre chance. On rapporte un seul point négatif : si le robot peut plonger jusqu'à 30 m de profondeur, les ondes Bluetooth ou WiFi passent difficilement dans l'eau à une telle distance. Pour pallier ce phénomène physique incontournable, PowerRay est équipé d'un classique, mais ingénieux, fil rétractable de 50 m…

KANALOA, LE SOUS-MARIN « RAIE MANTA »

CONCEPTEURS : CHARLES BOMBARDIER, IMAGINACTIVE ET NIKHIL SORTE

PAYS : CANADA

LANCEMENT : NC

Le Kanaloa est un concept de sous-marin personnel inspiré par les raies mantas, équipé de larges ailes flexibles et propulsé par des turbines hydrauliques alimentées par des piles à combustible. De plus, le Kanaloa pourrait mimer l'agilité organique des raies mantas en utilisant ses muscles artificiels pour effectuer toutes sortes d'acrobaties sous-marines. Il serait ainsi capable de plier ses ailes afin de « voler » sous la mer.

Le premier sous-marin biomimétique s'inspirerait du mouvement des raies mantas.

Les passagers du Kanaloa seraient assis à l'intérieur d'une cabine panoramique. Le pilote conduirait le sous-marin en utilisant des commandes similaires à celles d'un avion sportif léger.

LA CAPSULE UFO MARITIME

CONCEPTEUR : PIERPAOLO LAZZARINI

PAYS : ÉTATS-UNIS

LANCEMENT : NC

Cette capsule futuriste est une structure flottante en fibre de verre. Avec une superficie intérieure de 314 m² et un diamètre de 20 m, la luxueuse plateforme semble sortir tout droit d'un film de science-fiction ! Elle se compose d'une coque centrale divisée en trois niveaux différents : le salon (80 m²) avec cuisine, rangement et salle de bains ; le sous-niveau (50 m²) comporte une chambre avec (c'est légitime !) vue sur mer et une terrasse. Le pont supérieur est utilisé pour contrôler la capsule.

SUR L'EAU

Une toute nouvelle génération de transport maritime écologique nous ouvre le chemin vers les dernières régions inexplorées de la planète...

SOELCAT 12, LE CATAMARAN SOLAIRE

CONCEPTEUR : SOELYACHTS

PAYS : PAYS-BAS

LANCEMENT : 2018

Voici Soelcat 12, le premier catamaran électrique solaire. De sa ligne épurée aux technologies de pointe qui le composent, cet exploit technique représente l'avenir du transport maritime de fret et de loisir. Propulsé par ses moteurs électriques, glissant sans le moindre rejet et dans un silence parfait à la surface des océans, Soelcat 12 offre une expérience inoubliable. Il fait appel à l'énergie du soleil pour la propulsion, mais aussi pour le fonctionnement de tous les appareils ménagers (plaque à induction, cuisinière, micro-ondes, grill, congélateur et réfrigérateur, air conditionné, lave-linge, dessalinisateur, etc.). Dès lors, ce navire autonome peut tenir la mer indéfiniment, sans besoin de se ravitailler en carburant.

UN DRONE POUR EXPLORER LA SURFACE DES OCÉANS

CONCEPTEUR : SAILDRONE

PAYS : ÉTATS-UNIS

LANCEMENT : 2018

Voici un « drone de mer » entièrement autonome. Sa mission ? Observer les océans et collecter quantité de précieuses données en haute résolution sur leurs courants, leur composition, leur température de surface, etc. Propulsés par la seule énergie du vent à environ 10 km/h, ces drones sont capables de naviguer pendant plusieurs mois sans interventions humaines. Mais Saildrone, c'est aussi une plateforme mutualisée par des instituts de recherches maritimes de par le monde : infatigables laboratoires flottants, ces engins leur permettront de compléter nos connaissances scientifiques sur les mystérieux milieux océaniques.

POWERDOLPHIN, POUR PÊCHER ET PRENDRE DES PHOTOS

CONCEPTEUR :
POWERVISION ROBOT CORP.

PAYS : CHINE

LANCEMENT : 2018

Voulez-vous observer à votre guise les milieux marins inaccessibles ? Grâce à PowerDolphin, vous pourrez découvrir l'environnement des mers et des océans comme si vous y étiez. Équipé d'une caméra à double articulation, l'objectif est capable de prise de vue grand-angle jusqu'à 132 °. Les images haute définition sont retransmises en direct vers un écran qui vous permettra de guider votre dauphin des mers vers les lieux que vous souhaitez explorer.

RYNO, UNE MOTO MARINE ÉLECTRIQUE HYDROPTÈRE

CONCEPTEURS : CHARLES BOMBARDIER ET MARTIN RICO

PAYS : CANADA/ARGENTINE

LANCEMENT : NC

Ryno est un concept de moto marine électrique de type hydroptère en forme de « V ». Il fait appel à un siège inclinable multidirectionnel afin d'offrir au pilote une expérience récréative hautement manœuvrable et silencieuse. L'innovation principale est l'utilisation d'un siège relié à un axe de rotation permettant au pilote de se balancer de manière latérale. Celui-ci pourrait ainsi se tenir debout et utiliser son poids afin de faire déplacer le Ryno dans la direction souhaitée.

CASCAPEDIA, LA PLANCHE AUTOÉQUILIBRÉE

CONCEPTEURS : CHARLES BOMBARDIER, IMAGINACTIVE ET ADOLFO ESQUIVEL

PAYS : CANADA

LANCEMENT : NC

Le paddleboard ou planche à bras est un sport qui se pratique en mer ou en eau douce et qui consiste à utiliser une planche spécialement conçue pour se déplacer en utilisant les bras pour ramer, l'utilisateur étant à plat ventre ou à genoux. Le Cascapedia est un concept de planche à bras capable de maintenir son passager en équilibre en utilisant un gyroscope interne. Cette planche pourrait ainsi permettre à des novices de descendre des rivières sans jamais chuter. En effet, grâce à un système de propulsion oscillant et à une quille rétractable utilisée comme gouvernail, rien n'arrêterait le Cascapedia !

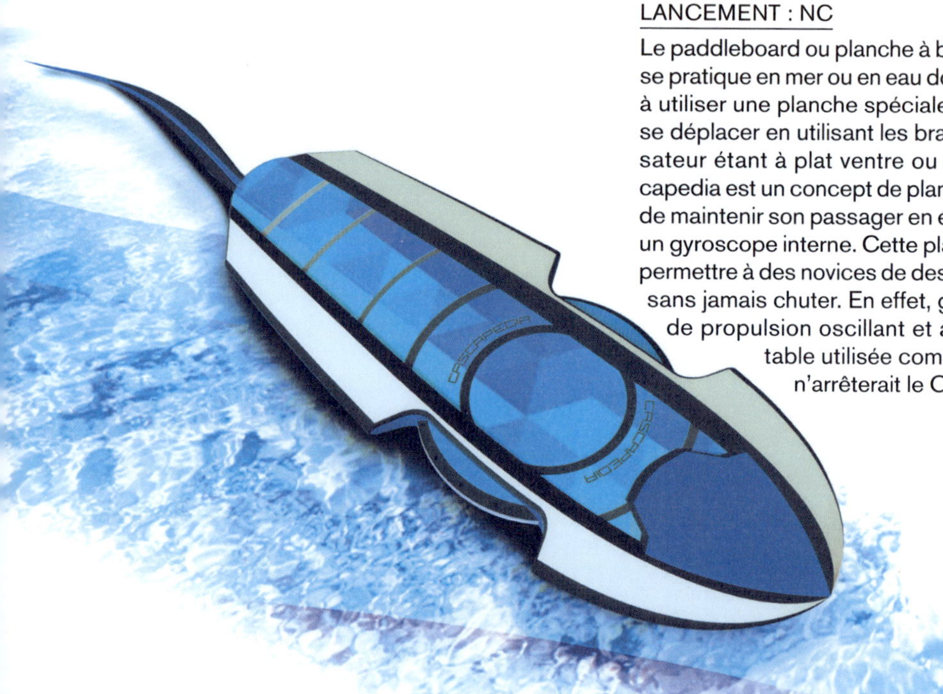

Le Cascapedia pourrait devenir un mode de transport léger pour se déplacer sur les cours d'eau et remplacer ainsi les barques traditionnelles lourdes et volumineuses.

LE PLUS PETIT BATEAU DU MONDE EST ÉLECTRIQUE

CONCEPTEURS :
JOSHUA TULBERG ET RAPID WHALE

PAYS : CANADA

LANCEMENT : 2018

Ressemblant presque à un jouet, ce minuscule bateau électrique est inspiré d'une conception classique des années 1930. Solide et fiable, il requiert très peu d'entretien. Son utilisation est peu coûteuse, puisque la batterie qui alimente le moteur peut être rechargée sur une simple prise électrique. Avec la batterie pleinement chargée, vous serez en mesure de naviguer jusqu'à dix heures d'affilée. Confortablement installé sur votre siège, vous pourrez vous détendre et apprécier le paysage dans un environnement parfaitement silencieux et sans vagues.

VECTOR, LA MOTO MARINE AU-DESSUS DES EAUX

CONCEPTEURS :
CHARLES BOMBARDIER, IMAGINACTIVE, DAVID CHARITOS ET MARTIN RICO

PAYS : CANADA

LANCEMENT : NC

Le Vector est un concept de motomarine hydroptère. Un puissant moteur électrique entraîne une turbine hydraulique placée sous le siège du pilote afin de propulser l'engin. Une telle propulsion lui permet de pratiquement voler au-dessus de la surface de l'eau à de très grandes vitesses. Selon ses designers, son concept fonctionnerait à l'aide de batteries ion-lithium ou d'un moteur à hydrogène à deux temps.

UN VOILIER AUGMENTÉ

CONCEPTEUR : MATHIS RUHL

PAYS : FRANCE

LANCEMENT : 2018

Ce voilier met tout en œuvre pour capter et exploiter l'énergie du vent ! Ici, le gréement devient une véritable « machine à vent » dans le sens où les voiles sont remplacées par des ailes épaisses et articulées afin d'obtenir le meilleur rendement aérodynamique possible. De plus, les voiles sont couplées deux par deux à l'instar des avions biplans pour optimiser le plan de pont et limiter le tirant d'air. Toutes les manœuvres sont automatisées et ne nécessitent aucun équipage. Cette configuration permet en outre l'installation de grandes éoliennes escamotables, afin de capter l'énergie du vent quand le bateau est à l'arrêt, et de charger des batteries pour ensuite réinjecter cette énergie pour les besoins du bord.

LA VOITURE DES MERS

CONCEPTEURS : BÉNÉTEAU ET PEUGEOT

PAYS : FRANCE

LANCEMENT : NC

Alors que certaines voitures offrent désormais des lignes et un luxe inspirés du monde de la plaisance, les bateaux adoptent des solutions et des conceptions ergonomiques héritées de l'industrie automobile. Fruit d'un échange très productif entre ces deux mondes, ce bateau inventé et conçu par Peugeot offre un plaisir de conduire hors du commun. Installez-vous dans le poste de pilotage et vous découvrirez qu'il vous sera possible de manœuvrer ce bateau aussi simplement qu'une voiture. Grâce aux assistants à la conduite connectée et intuitive, vous aurez l'opportunité de vivre une expérience immersive unique.

Cette maison-bateau est entièrement personnalisable au moment de l'achat grâce à une simple appli de smartphone.

MODUL GO, LA MAISON-BATEAU

CONCEPTEUR : MAX ZHIVOV

PAYS : RUSSIE

LANCEMENT : 2018

Plus qu'une péniche, c'est une maison sur l'eau modulable en fonction des attentes de chacun ! L'idée du projet est venue au Russe Max Zhivov après des périples en canoë avec ses amis. Il s'est inspiré des Lego de ses enfants et de la facilité de montage des meubles IKEA. Baptisé Modul GO, cette solution d'habitat est peu coûteuse. Entièrement personnalisable selon l'usage souhaité, elle peut contenir deux chambres, servir de bistrot, de plateforme de ravitaillement pour les autres bateaux, de bac pour transporter des voitures d'une rive à une autre… Son concepteur rêve même de créer un écovillage « itinérant » constitué de Modul GO !

Cette maison-bateau est entièrement autonome, les moteurs électriques et son fonctionnement domestique sont alimentés par des panneaux solaires. Elle mesure jusqu'à 13 m de longueur et 6,5 m de large, ce qui représente près de 80 m² habitables.

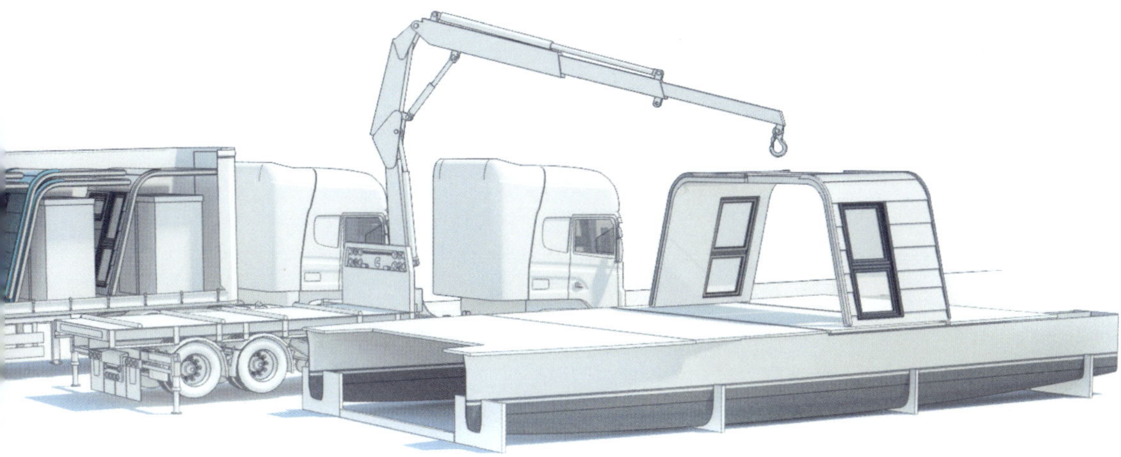

ARCHITECTURE

Discipline à la confluence des sciences appliquées et de l'art, l'architecture nous offre depuis toujours une image instantanée de l'évolution technologique de nos sociétés.
Qu'il s'agisse d'un bâtiment de dix étages dépliable en quelques heures, d'un gratte-ciel en sel, d'une petite maison dans les bois ou d'un building flottant, les architectes n'ont pas fini de nous émerveiller !

MULTI, LE PREMIER ASCENSEUR AU MONDE SANS CÂBLE

CONCEPTEUR : THYSSEN KRUPP

PAYS : ALLEMAGNE

LANCEMENT : 2019

Grâce à l'utilisation d'un système de moteur linéaire développé à l'origine pour le train allemand Transrapid à lévitation magnétique, la cabine d'ascenseur devient navette et se déplace sur la façade de l'immeuble sans qu'il soit nécessaire d'avoir des cages d'ascenseur qui traversent les étages. De plus, son mouvement est possible verticalement et horizontalement – et pour plusieurs navettes en même temps.
Son évolution l'autoriserait à être bien plus qu'un ascenseur en permettant les itinéraires souterrains en centre-ville... Il deviendrait ainsi une voiture de métro autonome qui vous accompagne jusqu'au sommet d'un gratte-ciel !

Le tout premier MULTI sera installé sur la tour East Side d'OVG Real Estate dans le centre de Berlin d'ici 2019. Le temps d'attente moyen d'un ascenseur serait de 15 à 30 secondes seulement.

Un hôtel écologique et modulaire, installé temporairement dans des lieux exceptionnels interdits à la construction.

Chaque nacelle disposera de plusieurs étages. Le plus élevé comprend la chambre avec un grand lit sous une volumineuse lucarne ouverte sur le ciel. Tandis qu'une douche sera située juste en dessous, une troisième plateforme hébergera une ère de loisir avec un canapé. Enfin, au premier niveau, un coin bureau isolé du reste du module.

TETRA, L'HÔTEL MODULAIRE ET DURABLE

CONCEPTEUR : WSP DESIGN STUDIO

PAYS : ANGLETERRE ET FINLANDE

LANCEMENT : 2019

Imaginez une structure hôtelière qu'il est possible d'installer ou de démonter en quelques semaines dans des lieux naturels exceptionnels. Conçues de manière modulaire, les chambres sont autant d'alcôves qui s'attachent les unes aux autres. L'hôtel comprend également des bars, des restaurants, des espaces pour les marchés, des expositions et des foires conçus pour attirer et promouvoir les métiers créatifs (artistes, designers, architectes, etc.).
Pour mériter sa place dans un environnement sauvage, Tetra répond aux normes écologiques les plus sévères. Et le projet sera toujours situé à proximité d'une grande étendue d'eau... dans un endroit géographiquement magnifique, habituellement interdit à la construction ! Sa structure neutre en carbone respectera le développement durable agricole et forestier. L'ensemble du bâtiment sera logiquement le moins énergivore possible, et totalement autonome électriquement.

L'hôtel durable Tetra comportera 42 suites aménagées dans des cosses modulaires, l'ensemble ayant une hauteur totale de 19 m. Conçue pour être autonome énergétiquement, la structure utilisera l'eau de mer locale pour le refroidissement (climatisation) et des panneaux solaires thermiques pour le chauffage.

SEASON CHASER, UN VILLAGE MOBILE

CONCEPTEURS : MARTIN RICO ET CHARLES BOMBARDIER

PAYS : CANADA

LANCEMENT : NC

Le Season Chaser est un concept de village mobile composé de soixante maisons déplaçables sur des wagons de train. Ces wagons sont autant de modules d'habitation conçus pour être assemblés en quelques jours à l'aide de grues robotisées. Ces modules reconstitueront ainsi des maisons, des immeubles ou des lieux de vie collective (commerces, dispensaire, etc.). Les habitants d'un village auraient la possibilité de déplacer leur ville tout en conservant le confort de leur maison.
Le Season Chaser propose un mode de vie tout à la fois urbain et nomade qui permettrait d'échapper aux climats difficiles en déménageant selon les saisons. Il pourrait également être utilisé afin de partir à la rencontre de populations éloignées, d'organiser des événements culturels itinérants ou de reloger rapidement des familles après une catastrophe.

Le train Season Chaser sera composé de 200 wagons (60 maisons) qui resteront habitables lors du déplacement du convoi. Selon le concepteur, certains wagons serviront de pièces communes (salles multifonctionnelles, serre botanique, bibliothèque, etc.).

ARTISANOPOLIS, LA VILLE FLOTTANTE

CONCEPTEUR : SEASTEADING INSTITUTE

PAYS : ÉTATS-UNIS

LANCEMENT : 2019

Les îles de la Polynésie française sont parmi les premières victimes annoncées du dérèglement climatique. D'ici à quelques décennies, la montée des eaux de l'océan Pacifique réduira de plus en plus les terres habitables, obligeant les Polynésiens à quitter leurs îles. Le gouvernement polynésien a décidé d'empêcher cela en construisant un ensemble d'îlots artificiels avec l'aide du Seasteading Institute de San Francisco, une start-up d'ingénierie civile maritime. Les eaux relativement calmes et peu profondes de la Polynésie française seraient l'endroit parfait pour ériger le premier habitat flottant permanent de la planète. En attendant la montée des eaux, ce lieu baptisé Artisanopolis offrira aussi aux habitants une opportunité économique pour étendre les infrastructures touristiques…

La première ville flottante au monde va bientôt naître dans le Pacifique Sud.

Un gratte-ciel de premiers secours pour les zones sinistrées.

L'utilisation de nanomatériaux à base de feuille d'ETFE (plastique transparent) incrustée de cellules solaires permet au bâtiment de produire de l'énergie dès son installation. De même, l'eau de pluie s'écoule à travers l'axe central de la tour où elle est progressivement nettoyée par des filtres et finalement recueillie et stockée pour pouvoir être consommée.

Ses parois semi-transparentes sont éclairées de l'intérieur et feront du Skyshelter.zip un point de repère visible à plusieurs kilomètres à la ronde…

SKYSHELTER. ZIP, LE BUILDING DÉPLIABLE

CONCEPTEURS : DAMIAN GRANOSIK, JAKUB KULISA ET PIOTR PAŃCZYK

PAYS : POLOGNE

LANCEMENT : NC

Skyshelter.zip est le premier gratte-ciel transportable. Il a pour vocation d'être utilisé comme quartier général par les ONG lorsqu'elles interviennent sur site après des catastrophes naturelles. Il peut être déployé en se dépliant, étage par étage, en quelques heures. Et ce, même sur un terrain instable, peu de fondations étant nécessaires. Après avoir ancré la base de la structure au sol, celle-ci se déplie grâce à un gigantesque ballon d'hélium placé à l'intérieur des parois. Et le processus est aussi rapidement réversible lorsqu'il s'agira de redéménager le gratte-ciel !

Le gratte-ciel contient de nombreux étages avec des fonctions telles que les soins de premiers secours, le logement temporaire des équipes ou des sinistrés, ou encore l'agriculture verticale pour nourrir ses habitants.

UBER

LE SKYPORT D'UBER

CONCEPTEUR : WALTER HUGHES

PAYS : ÉTATS-UNIS

LANCEMENT : NC

Uber, la célèbre société de transport par VTC, imagine le futur proche des déplacements urbains… Ceux-ci seraient constitués de taxis-drones volants autonomes qui remplaceraient les traditionnels VTC. Mais pour que cela soit envisageable, encore faut-il concevoir une gare aérienne capable de faire atterrir et décoller ces taxis. L'architecte Walter Hughes a ainsi conceptualisé un « skyport » pour les taxis eVTOL (à décollage vertical) d'Uber. Il accueillerait 5 400 passagers et assurerait 180 atterrissages/décollages par heure. La façade utiliserait une combinaison de biobéton et de feuillage végétal « autocicatrisant » innovant, et cela autant pour ajouter un élément écologique au projet que pour contribuer à réduire le bruit et la pollution.

Cet Hyperloop vous permettra de traverser les continents en quelques heures, tout en étant confortablement installé dans une chambre de luxe.

HYPERLOOP HÔTEL

CONCEPTEUR : BRANDAN SIEBRECHT

PAYS : ÉTATS-UNIS

LANCEMENT : NC

Brandan Siebrecht, jeune diplômé en architecture de l'université du Nevada à Las Vegas, veut créer une offre qui combine un billet de transport ultrarapide avec un hôtel de luxe… Un Orient-Express du XXIe siècle en quelque sorte ! Récemment lauréat du prix de « l'innovation radicale », il s'est inspiré du DevLoop, une véritable piste d'essai d'Hyperloop en cours de développement au nord de Las Vegas. Pour un montant de 1 000 euros, les clients de cet étonnant hôtel pourront parcourir les États-Unis sans jamais quitter leur chambre qui comprend un bureau, un salon et une salle de bains. Brandan Siebrecht estime son projet réalisable d'ici cinq à dix ans tout au plus.

1001

La tour se compose d'un noyau qui agit comme une épine dorsale avec la circulation verticale de nombreux ascenseurs. Autour du noyau sont empilées des unités d'habitation, de services et de production connectées au centre par des passerelles.

CITY REHAB, LE GRATTE-CIEL PRISON MODULAIRE

CONCEPTEURS : YASSIN NOUR AL-TUBOR, FAWZI BATA, BORAN AL-AMRO ET YAZEED BALQAR

PAYS : JORDANIE

LANCEMENT : NC

La ville de Détroit a l'un des taux de criminalité les plus élevés aux États-Unis… et détient par ailleurs 5 % de la population carcérale mondiale !

L'objectif de ce projet imaginé par de jeunes architectes originaires de Jordanie est de construire à Détroit une tour de rééducation urbaine (établissement d'incarcération) au design révolutionnaire. Elle serait composée d'unités modulaires qui peuvent être ajoutées et soustraites par des drones selon le nombre de détenus. Lorsque ce dernier diminue, les unités sont déménagées dans d'autres quartiers de la ville pour remplir des fonctions sociales différentes.

Des unités de production (réinsertion par le travail) incluraient des centres de formation, des fermes urbaines ou des ateliers. Le travail fourni répondrait aux besoins du marché local en permettant aux prisonniers de se spécialiser dans les activités économiques les plus diverses comme dans la vie publique.

Lorsque Icemil a besoin de changer de localisation, la structure gyroscopique augmente sa vitesse de rotation et fait avancer la plateforme.

ICEMIL, UNE PLATEFORME GÉANTE POUR DÉPOLLUER LES OCÉANS

CONCEPTEUR : KATARZYNA PRZYBYŁA

PAYS : POLOGNE

LANCEMENT : NC

La pénurie d'eau potable dans certaines zones de la planète est l'un des problèmes majeurs du XXIe siècle. Plus d'un tiers de la population mondiale vit dans des régions souffrant de stress hydrique. Et, même si l'essentiel de la Terre est couvert d'eau, seulement 3 % de cette ressource est potable. Selon les spécialistes, les rares moyens d'augmenter l'approvisionnement en eau sont le recyclage de l'eau consommée, mais surtout le dessalement de l'eau de mer. D'autant plus que le dessalement offrirait une ressource hydraulique quasiment illimitée. Le projet Icemil utilise une méthode basée sur un système de congélation-décongélation : les cristaux de glace formés sont composés de molécules d'H_20 sensiblement pures et facilement filtrables. Cette plateforme pourrait dès lors filtrer la mer non seulement pour produire de l'eau potable, mais aussi pour réguler la salinité des océans et donc leur température. Si elles étaient employées partout, ces structures mobiles pourraient théoriquement inverser dans une mesure relative, mais quantifiable, certaines conséquences du changement climatique en changeant la composition de l'eau, ce qui contribuerait également à la restauration de l'environnement naturel de la faune et de la flore marines.

Icemil est constitué d'une structure gyroscopique dont la couche externe peut tourner. Au centre, une plateforme de travail permet aux employés d'y séjourner le temps de leur mission, comme sur une plate-forme pétrolière ; des turbines marémotrices produisent de l'énergie et maintiennent l'autosuffisance énergétique ; enfin, un réservoir d'eau stocke la production d'eau douce.

E MARE LIBERTAS, UN BUILDING SUR L'EAU

CONCEPTEUR : ALEXANDER NIKOLAS WALZER

PAYS : AUTRICHE

LANCEMENT : NC

Le projet E Mare Libertas (« Liberté de la mer ») offre une solution de peuplement vertical dans le port de Singapour, une ville qui a déjà exploité 92 % de ses terres constructibles et qui est obligée de créer de nouvelles terres artificielles pour continuer à s'étendre.

Pour la construction d'E Mare Libertas, son architecte Alexander Nikolas Walzer utilisera des poutres en acier creuses bétonnées pour la structure du bâtiment. L'intérieur comportera un immense open space central. Un système de nœuds permettrait le montage d'une structure en acier secondaire (poutres horizontales) sur laquelle chaque unité d'habitation serait montée progressivement, étage par étage. Le plancher sera ensuite placé en dernier. Chaque habitant aura l'impression de vivre sur l'eau... mais il devra prendre une navette pour quitter son immeuble et rejoindre la terre ferme.

CIVILIZATION 0,0000, LA PLATEFORME ÉNERGÉTIQUE

CONCEPTEUR : DIMO IVANOV

PAYS : SUISSE

LANCEMENT : 2020

Civilization 0,000 est une structure flottante qui sera établie prochainement au cap Horn, la pointe la plus méridionale de l'archipel de la Terre de Feu, au sud du Chili.

Elle utilise toutes les sources d'énergie renouvelable disponibles localement pour produire de l'électricité. En effet, les quantités d'énergies éoliennes, houlomotrices et marémotrices accessibles dans cette région sont parmi les plus importantes de la planète.

Les trois forces naturelles définissent toute la structure : le vent, les vagues et l'énergie marémotrice. Grâce à une série d'expériences et d'optimisations différentes selon ses caractéristiques aqua- et aérodynamiques, le bâtiment est composé de trois zones structurelles et fonctionnelles principales : la tour, la plateforme et la centrale marémotrice. La tour contient 19 éoliennes. La plateforme contient une centrale houlomotrice, 4 turbines géantes, deux zones portuaires, un héliport, des unités de recherche, des unités de vie, des restaurants, des installations sportives, des équipements sociaux, des unités éducatives, une bibliothèque, etc. La centrale marémotrice contient 7 hydroliennes à axe vertical reposant sur une technologie inédite baptisée la turbine de chasseur.

Civilization 0,000 combine tous les modes de production disponibles pour produire 100 millions de kWh d'énergie renouvelable chaque année.

HONG KONG 2.0

CONCEPTEURS :
HUY BUI ET HOWARD MACK

PAYS : ÉTATS-UNIS

LANCEMENT : NC

Comment offrir plus d'espaces aux habitants de Hong Kong, l'une des villes qui comporte le plus de gratte-ciel, mais aussi l'une des populations les plus denses du monde ? Les architectes américains Huy Bui et Howard Mack proposent une « méga-grappe » qui s'étendrait au-dessus du quartier surpeuplé de Hong Kong, Mong Kok. Le but de ce projet est de fournir aux Hongkongais de Mong Kok un réseau d'espaces publics ouverts, facilement accessibles et multifonctionnels pour compenser le manque de terre et l'exiguïté de la ville. La nouvelle structure serait composée de cinq branches comportant des séries de pétales, reproduisant ainsi la forme de la fleur indigène symbolisant Hong Kong. Chaque branche est placée dans des endroits stratégiquement importants d'un point de vue urbain tels la principale intersection, l'hôpital, l'école ou la gare. Et chaque pétale aura un thème spécifique. Au final, chaque branche converge vers un pétale central situé au cœur de Mong Kok.

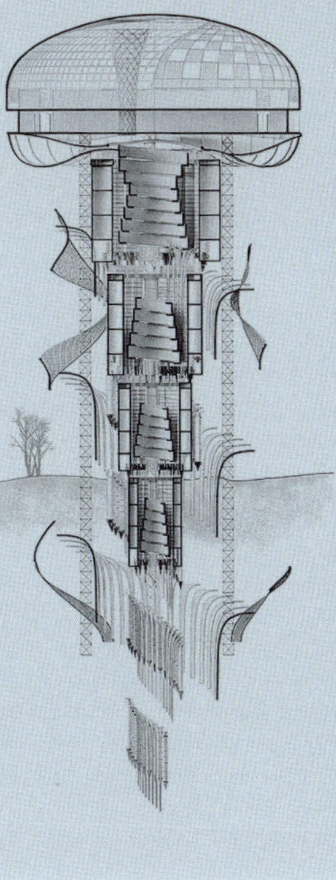

EARTH HEALER, L'ARCHITECTURE POST-APOCALYPTIQUE

CONCEPTEURS : DONG JINGZHE, LI BOYU, ZHANG ZIHAN, SUN ZHE, WU YILUN, YU YANG ET ZHANG HAOHAO

PAYS : CHINE

LANCEMENT : NC

Que ferions-nous en cas de sinistre nucléaire de grande envergure ? Un groupement d'architectes chinois s'est intéressé à cette question et tente d'offrir aux survivants les meilleures conditions d'existence possible face à une telle catastrophe... Ils ont imaginé une tour de survie, la Earth Healer. Elle comporterait une importante zone souterraine, un espace de vie à l'abri des pollutions radioactives. La zone supérieure serait principalement utilisée pour l'envol ou l'atterrissage de drones autonomes. Des végétaux ayant la propriété de dépolluer l'environnement seraient également plantés. L'eau présente dans l'atmosphère serait recueillie par condensation et stockée. La paroi du bâtiment filtrerait le carbone de l'atmosphère transformant le CO_2 en O_2. Une structure en spirale faisant penser à une vis géante aura pour objectif d'exploiter dynamiquement la géothermie des sols. Au fil des ans, les habitants pourront observer l'extérieur, et un jour repartir...

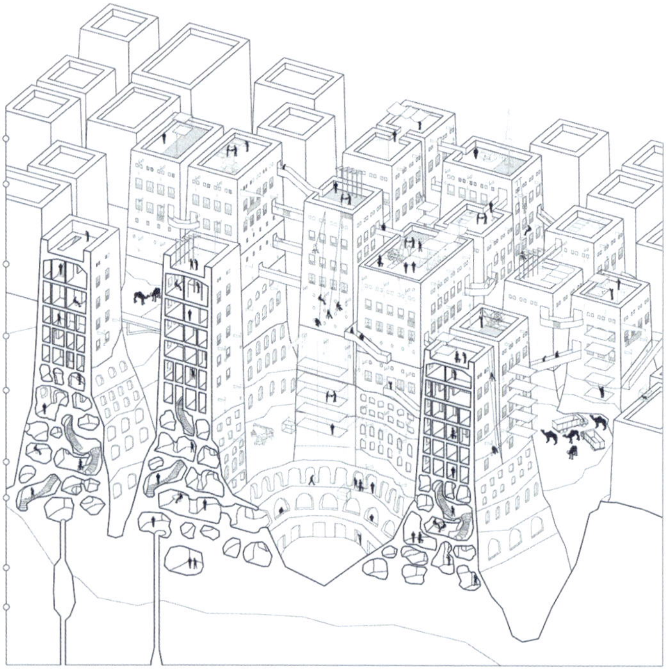

Pour sauver la vieille ville de Chibam au Yémen, une équipe d'architectes a eu l'idée de creuser les rues de la ville pour offrir des étages supplémentaires en partant du rez-de-chaussée !

SAUVER LA « MANHATTAN DU DÉSERT »

CONCEPTEURS : ESTELLE FILLIAT, CHARLOTTE FERREUX, DUC TRUONG ET ELIAS VOGEL

PAYS : FRANCE

LANCEMENT : NC

Le Yémen est l'un des pays les plus pauvres du monde. Pourtant, malgré la précarité de ses habitants et les conflits armés qui détériorent son environnement, le Yémen possède des chefs-d'œuvre architecturaux. Parmi ceux-ci, la vieille ville de Chibam inscrite au patrimoine mondial de l'UNESCO en tant que « plus ancienne cité gratte-ciel du monde ». En effet, ses immeubles de briques de terre crue peuvent aller jusqu'à 8 étages et 30 m de hauteur. À titre de comparaison, un immeuble haussmannien de 5 étages à Paris ne mesure jamais plus de 20 m de hauteur… La « Manhattan du désert », ainsi que la surnomment les géographes, est en situation de forte détérioration. L'UNESCO a tiré récemment la sonnette d'alarme : si rien n'est fait, d'ici à dix ans la vieille ville sera en ruine. De plus, dans un même temps, la population en forte expansion reste contrainte sur le plan horizontal par les remparts qui entourent la ville et sur le plan vertical par la fragilité des matériaux en brique qui empêche d'ajouter des étages. La solution inédite (et géniale !) proposée par une équipe d'architectes est de creuser les rues par « soustraction », c'est-à-dire en ajoutant les précieux étages en partant de la chaussée.

2020
situation actuelle
2040
première soustraction
2060
soustraction profonde
2080
racines de la ville
2100
fin de l'extension verticale

LE CIMETIÈRE DU VENT

CONCEPTEURS : GUOCHAO DENG, QINGMING XIAO, YUAN FENG, LIWEI SHEN ET QIN XIONG

PAYS : CHINE

LANCEMENT : NC

Au fur et à mesure que la population mondiale augmente et que le vieillissement de l'humanité s'accélère, les villes à forte densité font face à des pénuries de place dans les cimetières.

Le Japon possède le plus haut niveau de vieillissement au monde. À Tokyo, le problème est encore pire avec près de 25 % des habitants âgés de plus de 65 ans. Et du fait d'une telle densité, le prix des cimetières y est parmi les plus élevés au monde.

C'est ainsi que des architectes chinois ont eu l'idée pour Tokyo d'un cimetière gratte-ciel transparent qui révolutionne le concept de « dernière demeure » et puisse accueillir sans limitation les cendres des disparus.

Le gratte-ciel donnera l'impression de flotter sur la ville et sera entouré d'une grande étendue d'eau. Les urnes flotteront également et émettront une lumière selon un procédé qui n'est pas expliqué par les architectes, mais fait penser à des lanternes chinoises, ces lampions lumineux en papier qui s'envolent grâce à la chaleur d'une bougie. Enfin, le sommet aura pour particularité de pouvoir s'élever : à mesure que le nombre de défunts augmentera, le cimetière s'agrandira...

L'URBANISME EN NUAGE

CONCEPTEURS : KEON HEE LEE, DONG HYUN KIM ET ELICIA JIWOO EOM

PAYS : AUSTRALIE/CORÉE DU SUD

LANCEMENT : NC

Selon les concepteurs de ce projet, d'un point de vue architectural, les immeubles de grande hauteur ont une forme en totale rupture avec l'habitat humain naturel. La modernité prône la verticalité alors que le développement durable et la qualité de vie passent par un environnement horizontal.

Il s'agirait ici de recréer dans les mégapoles déjà existantes des lignes d'horizon qui apportent à l'urbanisme un environnement visuel compatible avec notre nature profonde. En somme, dans l'esprit du Hong Kong 2.0 présenté quelques pages avant, de cesser de construire plus haut et de mieux exploiter l'espace entre les bâtiments.

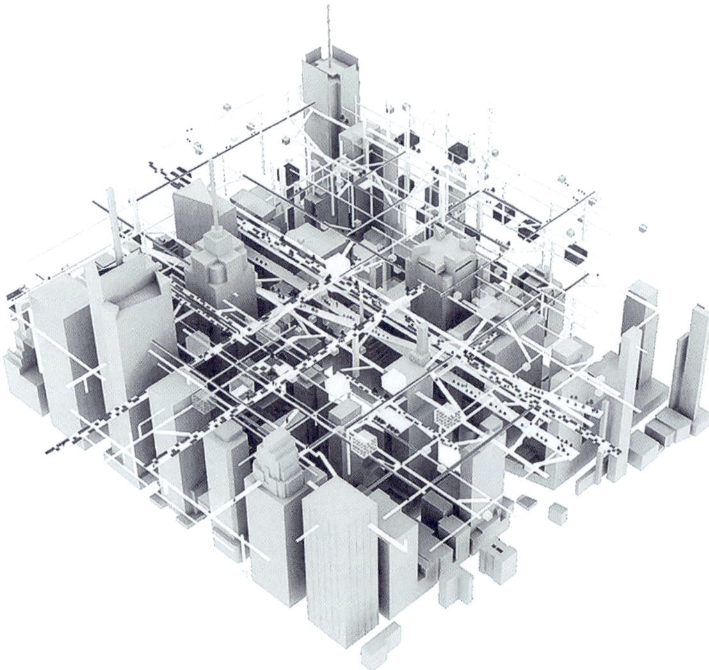

UN GRATTE-CIEL POUR LA RIZICULTURE

CONCEPTEUR : TONY LEUNG

PAYS : CHINE (HONG KONG)

LANCEMENT : NC

L'architecte chinois Tony Leung souhaite réunir deux concepts d'activités traditionnelles japonaises, le *jinja* (sanctuaire shinto japonais) et la riziculture. C'est ainsi qu'il a conçu pour Tokyo un étonnant complexe de riziculture *jinja* organisé verticalement, comme un gratte-ciel. Son projet a d'autant plus de sens que dans la vie traditionnelle nippone, le *jinja* et la rizière sont parmi les principaux lieux de rencontres. D'un autre côté, le développement récent de l'agriculture hydroponique rend possible une nouvelle forme de riziculture verticale. Le toit en pente d'un *jinja* peut ainsi être converti en une rizière par gradins, ce qui correspond de plus à l'idée traditionnelle d'utiliser des matériaux de couverture organiques dans la construction des *jinja*.

L'IMMEUBLE EN SEL

CONCEPTEURS : KARTIK MISRA, KRISHAN SHARMA, DEWESH AGRAWAL ET KRITIKA KHARBANDA

PAYS : INDE

LANCEMENT : NC

Ce projet de gratte-ciel a pour vocation de moderniser l'environnement des indigènes agariyas vivant de la récolte du sel au Gujarat, en Inde… en créant un gratte-ciel en sel ! Symbole touristique pour l'économie régionale, l'utilisation du sel comme pierre de construction de la société est un signe fort dans une région plus souvent connue pour son extrême pauvreté et son environnement aride.
De nombreux marais salants ponctués de cabanons de fortune font de ce lieu un désert blanc inhospitalier. Une fois par saison la mousson submerge les marais, obligeant les habitants à migrer. En tant que principal élément disponible en quantité quasi infinie, le sel est de plus gratuit. Il est simplement stabilisé avec des adjuvants et utilisé par une machine d'impression 3D pour agglomérer la matière en une structure solide et pérenne.

LAX V.2 L'AÉROPORT VERTICAL

CONCEPTEUR : JONATHAN ORTEGA

PAYS : ÉTATS-UNIS

LANCEMENT : NC

Les aéroports d'aujourd'hui utilisent énormément d'espace pour les terminaux, les halls, les voies de circulation et les pistes. Cette croissance est aggravée par les routes environnantes qui nourrissent des complexes aéroportuaires devenus tentaculaires. Mais prochainement, la verticalisation des structures offrira des possibilités de développement et d'expansion inédites pour une toute nouvelle génération d'aéroports. De plus, l'évolution technologique des avions par des systèmes d'envol verticaux réduira progressivement le recours à des voies de circulation aériennes classiques ou à des pistes de décollage. C'est dans ce contexte que l'architecte Jonathan Ortega a eu l'idée de concevoir l'aéroport vertical LAX V.2. L'espace est intégralement repensé. On y trouve même une ferme urbaine et un jardin suspendu ! De plus, LAX V.2 ne serait plus confiné à l'extrême périphérie d'une zone urbaine, mais situé au plus près des activités et des populations.

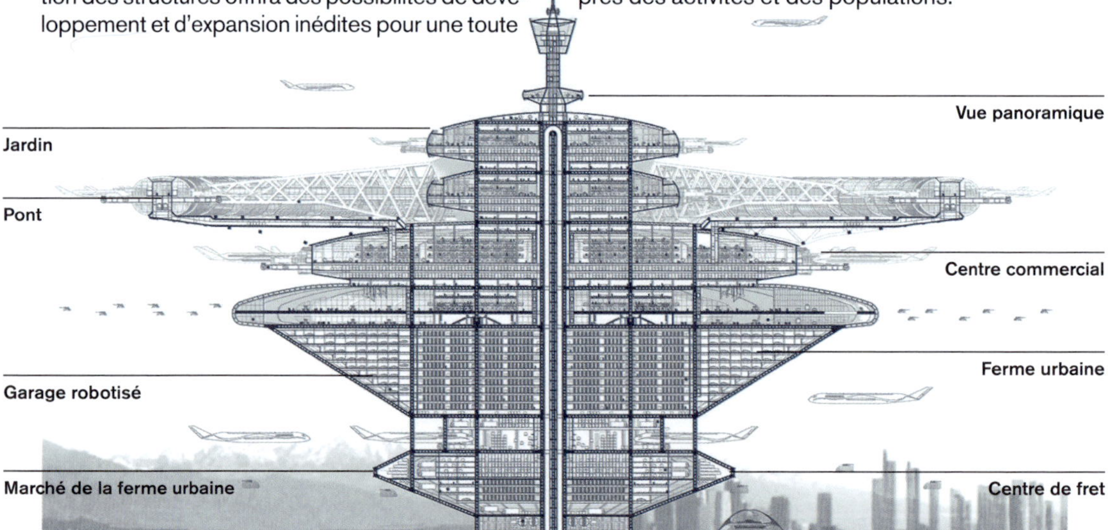

THE URBAN LUNG, LE GRATTE-CIEL ÉCORESPONSABLE

CONCEPTEUR : RYAN GORMLEY

PAYS : GRANDE-BRETAGNE

LANCEMENT : 2020

L'architecture des gratte-ciel sera-t-elle compatible un jour avec les normes environnementales les plus sévères ? De plus en plus d'architectes tentent d'explorer les possibilités offertes par le bois dans des typologies de construction de grande hauteur. Une telle démarche a pour avantage de réduire drastiquement l'empreinte carbone par rapport à l'acier ou le béton. Aspect plus intéressant encore, le bois capte le carbone environnant : 1 m^3 de bois peut stocker jusqu'à une tonne de CO_2 ! De tels bâtiments amélioreraient ainsi sensiblement la qualité de vie environnante. Le projet de tour Urban Lung symbolise cette révolution. Conçu par l'architecte britannique Ryan Gormley, il abritera très bientôt un centre de recherche du département d'ingénierie et d'architecture de l'université de Galles du Sud en Grande-Bretagne, mais aussi le siège de l'Association pour la recherche et le développement du bois (TRADA).

MANHATTAN RIDGE

CONCEPTEURS : ZHENJIA WANG ET XIAYI LI

PAYS : ÉTATS-UNIS

LANCEMENT : NC

L'île de Manhattan à New York a été surexploitée au point qu'il est pratiquement impossible d'y trouver des terrains constructibles. Les architectes Zhenjia Wang et Xiayi Li ont eu l'idée d'un nouveau type de ressource foncière, d'un espace de vie inédit. Leur projet s'inspire du processus géologique naturel de développement des fonds marins par le chevauchement de plaques tectoniques : de nouveaux espaces seraient créés grâce à la surélévation sur les couloirs de circulation urbains (avenues, rues, routes, ruelles) entre les bâtiments. Telle une plaque tectonique, Manhattan Ridge (la crête de Manhattan) permettra de relier les bâtiments et de créer un étonnant revêtement urbain. On y trouvera trois niveaux : la rue, qui est maintenue telle quelle ; le niveau moyen à usage mixte (bureaux, habitations, commerces, etc.) ; et le toit, pour des fermes urbaines ou des activités de loisirs.

Vers 2250, l'île devient telle que représentée ici, une véritable cité du futur capable d'accueillir les « migrants climatiques » de la planète… Au pied du premier gratte-ciel, la mine qui faisait vivre les Inuits au XXIe siècle a été réaménagée.

NORTHERN ANTICLINE POUR URBANISER L'ANTARCTIQUE

CONCEPTEURS : BOSHENG LIU, JON RANKIN ET BRYAN DAILY

PAYS : ÉTATS-UNIS

LANCEMENT : NC

D'ici à 2300, le nord de l'Arctique ne sera plus inhabitable ! À l'opposé, les deux tiers du monde terrestre actuel deviendront très chauds ou seront inondés. À la faveur du changement climatique et de la fonte des glaces, le passage du Nord-Ouest, un espace maritime compris entre le détroit de Davis et la baie de Baffin, autorise la navigation vers l'Arctique pendant les mois les plus chauds. En conjonction avec cet événement, le pergélisol de ce continent inexploité a commencé à dégeler. Tout cela a amené des sociétés pétrolières, minières, maritimes et touristiques, ainsi que des gouvernements à vouloir devenir les pionniers du territoire circumpolaire. C'est ainsi que les Américains BoSheng Liu, Jon Rankin et Bryan Daily sont les tout premiers architectes au monde à penser l'urbanisation de l'Arctique. Ils donnent un modèle en considérant de grandes étapes de développement, d'aujourd'hui à 2250. Et si vous investissiez en 2019 dans un appartement avec vue sur la mer dans une région au climat tempéré pour vos arrière-petits-enfants ?

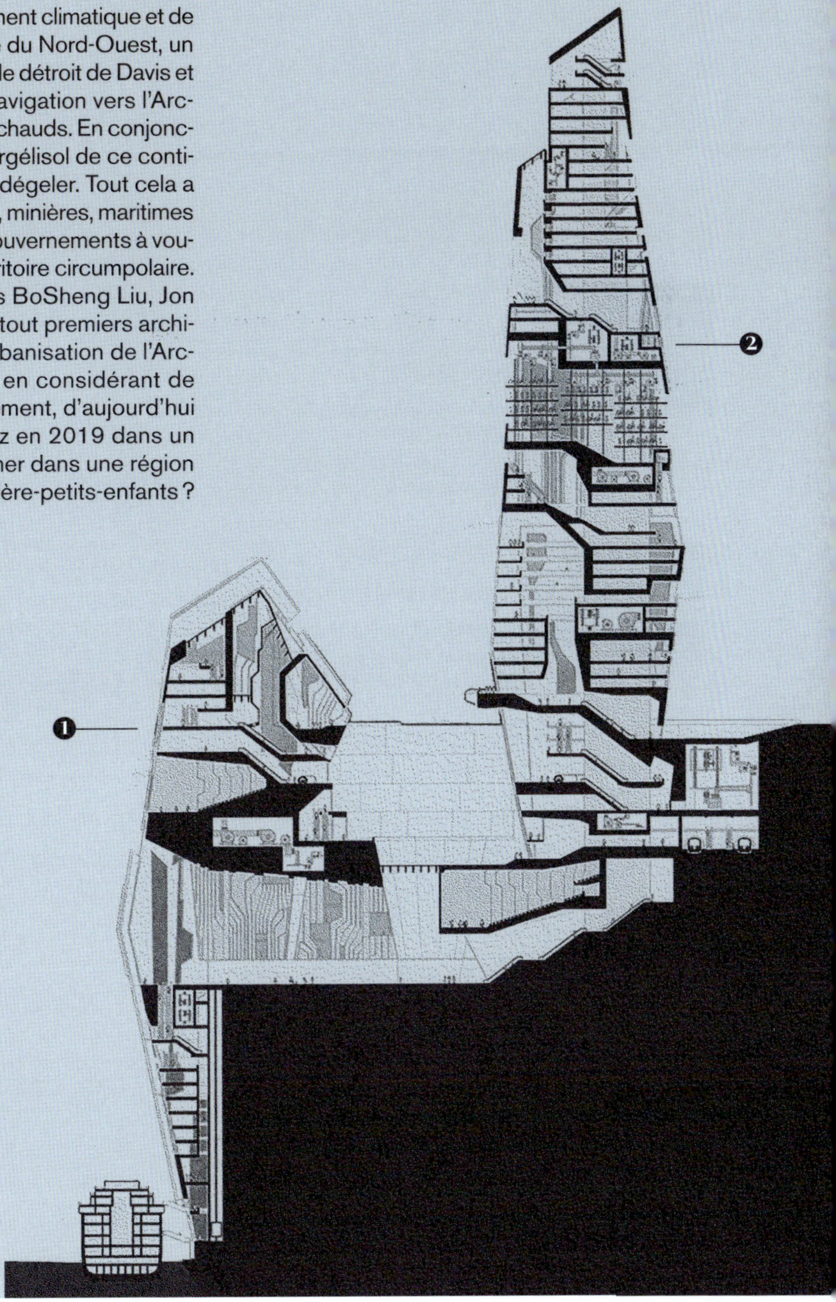

❶ D'ici à 2050, une tour « sea tower » serait construite à flanc de falaise et serait le centre des activités touristiques pour remplacer l'activité minière.

❷ Dans une seconde phase placée en 20 150, la tour suspendue se prolongerait d'une « sky tower » pour développer les activités sociétales de l'île et associer la culture occidentale à celle des Inuits.

RECONVERTIR LES TOURS DE BUREAU EN HABITATIONS

CONCEPTEURS : NGAI HANG WU, HAN-HSUN, HSIEH ET MAN NGUYEN

PAYS : GRANDE-BRETAGNE

LANCEMENT : NC

Imaginez un monde où l'automatisation et l'intelligence artificielle ont remplacé la plupart des humains dans leurs fonctions laborieuses. Dans cette économie post-capitalistique, un revenu de base sera mis en place pour tous les citoyens privés de travail. Dès lors, que se passera-t-il pour les tours de bureaux ? Ces millions de mètres carrés de surface seront-ils laissés à l'abandon ? Le pari d'une équipe d'architectes britanniques est d'anticiper dès à présent la nécessaire reconversion de ces lieux en habitations en prenant le cas d'une tour dans un quartier d'affaires de Hong Kong. Et comme ces non-travailleurs seront libérés de leurs obligations journalières, ils développeront les loisirs et le temps passé dans un habitat qu'ils fabriqueront sur mesure.

Bank of America
HILTON

RIVER SQUARE POUR DÉPOLLUER L'EAU SACRÉE

CONCEPTEURS : KANG TAE HWAN, KIM MIN JEONG, YUN SEO JUN ET LEE SE WON

PAYS : CORÉE DU SUD

LANCEMENT : NC

L'eau a une représentation symbolique essentielle en Inde. Avant l'aube, les hindous prennent un bain et prient dans la rivière voisine ou se lavent avec des bouteilles d'eau en bronze. Lors des fêtes religieuses, les populations se retrouvent et se baignent dans les cours d'eau. De même lors des cérémonies funèbres. Mais que se passe-t-il si l'eau est polluée ou si les Indiens n'accèdent plus à l'eau potable? Une équipe d'architectes coréens a imaginé un gratte-ciel qui traiterait les eaux sacrées des fleuves et rivières d'Inde. Véritable enjeu de santé publique et de modernisation du pays et de la société, un réseau de canalisation distribuerait l'eau purifiée après qu'elle ait été traitée dans le bâtiment géant de River Square. De plus, celui-ci intégrerait une rivière et un temple en plus des filtres de purification.

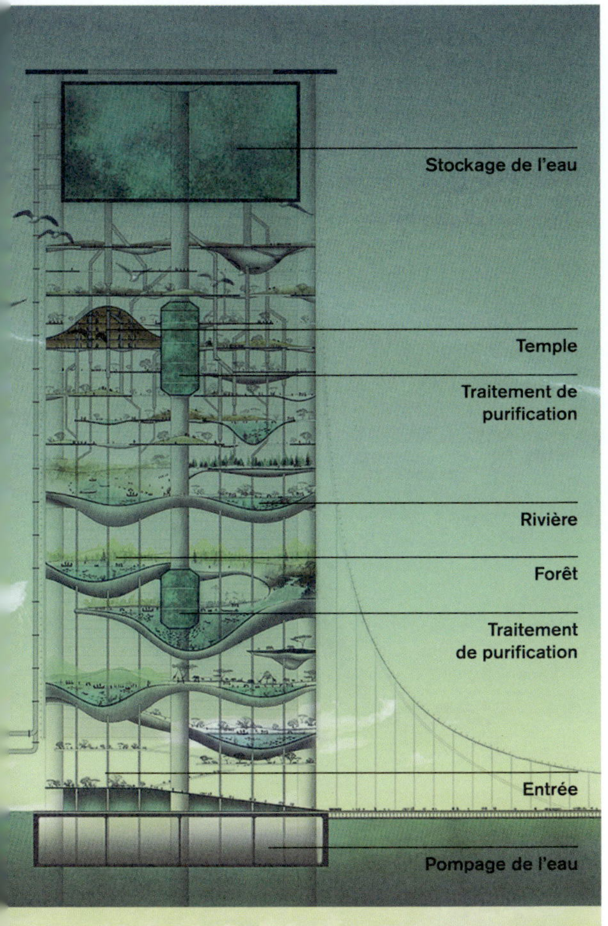

SYNTOPIA, L'IMMEUBLE DÉPOLLUANT

CONCEPTEURS : GOLNAZ MAYEL AFSHAR ET FARANAK MOMENI AZANDARYANI

PAYS : IRAN

LANCEMENT : NC

La ville de Téhéran fait face à d'importants pics de pollution. Des architectes iraniens ont imaginé une tour particulièrement futuriste. Cette dernière serait reliée avec les smartphones des habitants afin d'analyser la pollution de la ville en temps réel. Elle traiterait la qualité de l'air à l'aide d'un catalyseur géant. Mais surtout, le bâtiment pourrait être équipé d'une technologie de métamatériaux qui courbe la lumière pour créer une sorte de cape d'invisibilité. Plus Téhéran est polluée, plus le bâtiment est visible. Plus l'air est pur, moins les habitants ont de raison de voir leur tour dépolluante…

SAND DAM, UN MUR CONTRE LE DÉSERT

CONCEPTEURS : JIANGCHEN HU, YINING BEI, XIAYU ZHAO ET MINGWEN ZHANG

PAYS : CHINE

LANCEMENT : NC

Voici un immeuble gigantesque dont la fonction principale n'est pas d'offrir une surface de vie ou de travail pour ses habitants, mais de servir… de mur ! Le projet Sand Dam est développé par des architectes chinois pour la ville du Caire, en Égypte, située à proximité directe du désert qui avance inexorablement sur la ville ; c'est le phénomène naturel de désertification.

Par ailleurs, Le Caire subit les tempêtes de sable et les assauts du khamsin – un vent local sec, chaud et sablonneux, bien connu en Afrique du Nord et dans la péninsule arabique. Très astucieusement, Sand Dam utilisera les tempêtes de sable et le khamsin pour produire de l'énergie éolienne. Mais comme le vent souffle selon des directions capricieuses, le bâtiment peut se déplacer !

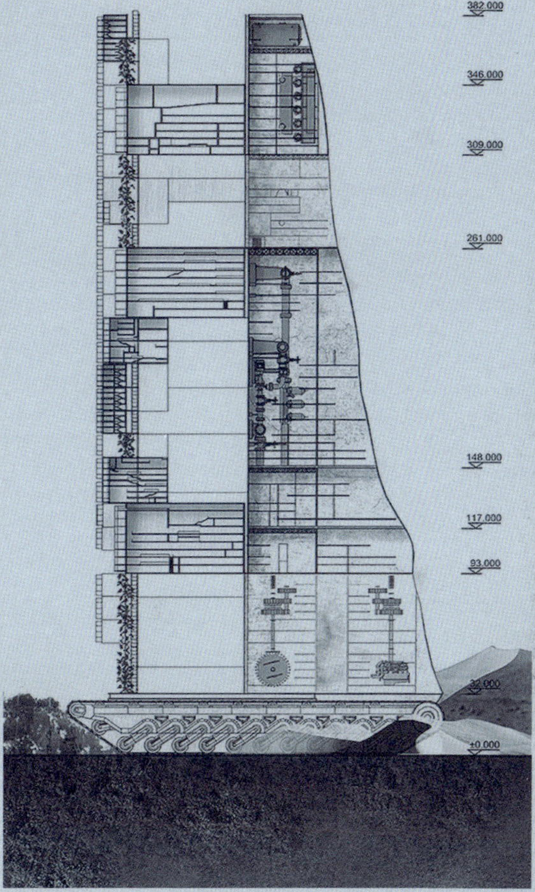
382.000
346.000
309.000
261.000
148.000
117.000
93.000
±0.000

THE REINCARNATION STATION, LE GRATTE-CIEL BOUDDHISTE

CONCEPTEURS : QILONG WU, WUHONG FANG, HUIFANG DUAN ET CHENHUI BAO

PAYS : CHINE

LANCEMENT : NC

Chez les bouddhistes, la mort n'est qu'un passage avant de se réincarner. C'est pourquoi le cimetière n'est pas qu'un lieu triste où les proches du défunt se souviennent de lui, mais l'endroit où il se repose avant de se réincarner et de reprendre au sein de la nature une forme de vie différente.

L'idée d'une équipe d'architectes chinois est de créer un cimetière bouddhiste tout en hauteur et qui soit véritablement un lieu de transformation de la vie : après la crémation, les cendres sont réemployées pour favoriser la germination et la croissance de graines au sein d'un immense jardin botanique.

UNE FAÇADE DE GRATTE-CIEL IMPRIMÉE AVEC DES DÉCHETS RECYCLÉS

CONCEPTEURS :
JINZI WEI ET YILIANG SHAO

PAYS : CHINE

LANCEMENT : NC

Les architectes chinois Jinzi Wei et Yiliang Shao ont tiré parti de l'importance prise par l'impression 3D dans leur métier, mais aussi du taux de recyclage des ordures qui ne cesse de croître au fil des ans. Le mur extérieur de ce gratte-ciel est fait d'un matériau unique constitué du mélange des déchets quotidiens de la communauté vivant dans le bâtiment et de colle haute performance. Au fil du temps, telles des strates géologiques, le mur aura différentes nuances agrégées par les bras robotisés d'une gigantesque imprimante 3D qui font partie de la structure du bâtiment. La façade sera ainsi un monument vivant qui témoignera des changements dans la vie de ses habitants en fonction de la coloration de ses déchets.

Des navettes express (ascenseurs verticaux et inclinés) relient les 15 groupes d'étages aux extrémités du bâtiment et à ses principales intersections.

PROJET 1111, UNE VILLE VERTICALE FACILE À CONSTRUIRE

CONCEPTEURS : PHILIP NIKANDROV, STEPAN KUKHARSKIY, ALEKSANDR MURAVIEV, IVAN MYLNIKOV, VADIM ZAMULA ET VLADIMIR TRAVUSH

PAYS : RUSSIE

LANCEMENT : NC

Si comme les architectes russes du Projet 1111 vous considérez l'expansion horizontale de l'humanité comme un fléau pour la Terre, alors vous trouverez extraordinaire cette ville verticale durable de 111 m de hauteur ! Vous serez émerveillé par ses parcs, ses jardins suspendus… et ses 350 000 habitants logés sur un terrain de 1,4 km^2. Dotée de plus de 300 étages empilés par groupes de 15 niveaux de 20 étages, cette mégapole-building inclut des stations de transport en commun rapide, des centres commerciaux, des héliports pour les drones, des hélicoptères… notamment !

La tour 1111 peut être édifiée avec des machines de construction conventionnelles, en l'occurrence un équipement capable de construire une tour de 16 à 20 étages. Elle ne nécessite donc aucune sophistication technologique et peut être techniquement réalisée dans n'importe quel pays du monde.

Un parc en spirale accessible aux piétons et aux vélos parcourt une distance de 22 km entre le sommet du bâtiment et le rez-de-chaussée.

LAZZARINI WAYA

CONCEPTEUR : PIERPAOLO LAZZARINI

PAYS : ITALIE

LANCEMENT : 2020

Inspiré de l'architecture maya et des temples japonais, Waya est un bâtiment flottant modulaire. La pyramide peut ainsi devenir hôtel, boutique, spa, salle de sport, bar, cinéma, etc. Le designer Pierpaolo Lazzarini a pour ambition de créer d'ici à 2020 la toute première ville flottante. La base de la plus grande pyramide mesurerait 54 x 54 m soit environ 3 000 m². Avec une hauteur de 30 m au-dessus de la ligne de flottaison, ses cinq étages offriront 6 500 m² ! Sans pouvoir vraiment naviguer, l'ensemble des pyramides pourra être déplacé afin de changer de rivage…

LA FAÇADE CIRCADIENNE

CONCEPTEUR : HOK

PAYS : ÉTATS-UNIS

LANCEMENT : 2019

Le cabinet d'architecture HOK propose le « mur-rideau circadien », une façade de panneaux de verre incurvés qui répond à la trajectoire du soleil selon le cycle circadien de 24 heures. Ce concept de vitre présente une résistance au vent bien supérieure à celle du verre plat et permet de créer de plus grandes ouvertures. Grâce à la courbure du verre, les fenêtres offrent une vue à 180° qui inonde le bâtiment de lumière naturelle tout en prolongeant l'espace intérieur au-delà de l'empreinte principale du bâtiment. Des stores automatisés logés dans une cavité entre les membranes extérieure et intérieure de la façade (où ils sont maintenus propres sans entretien) réduisent la chaleur pendant les périodes d'ensoleillement intense.

Les vitres circadiennes répondent à l'orientation du soleil pour permettre un ensoleillement maximal tout au long de la journée.

VAPOLATOR BOIT L'EAU DE MER

CONCEPTEURS : SEUNGHWAN JUNG
ET RYEOJIN JEON

PAYS : CORÉE DU SUD

LANCEMENT : NC

Voici un gratte-ciel de 2 km de hauteur pour obtenir de l'eau douce en mer, mais sans la désaliniser ! En effet, le bâtiment a une forme qui lui permet de recueillir la vapeur d'eau condensée naturellement dans la mer. L'eau s'écoule dans la tige centrale à travers la trompette. Puis elle est traitée dans chacune des 35 couches du sommet à la base pour des purifications successives. Une fois parvenue au sol, l'eau pure est stockée dans la partie inférieure de l'édifice et transportée au port par navire. Cependant, pourquoi un tel dispositif pour remplir les cales d'un navire? La réponse est que même si le processus est lent, la quantité produite peu importante par rapport à une usine de désalinisation, Vapolator serait peu onéreux, s'installerait très vite, serait parfaitement écologique, mais surtout, il fonctionnerait tout seul !

En utilisant la puissance de l'eau tombant d'une hauteur de 2 km, l'énergie hydroélectrique générée à l'intérieur de la tige centrale permet au Vapolator d'être autonome électriquement.

WARIA LEMUY, PRÉVENIR LES FEUX DE FORÊT

CONCEPTEUR : CLAUDIO C. ARAYA ARIAS

PAYS : CHILI

LANCEMENT : NC

Les feux de forêt sont l'un des plus grands agents de la dégradation des écosystèmes dans le monde. Claudio C. Araya Arias, un architecte chilien, déplore dans son pays en 2017 plus de 5 244 incendies avec un impact de 569 989 ha pour 2 500 maisons. Son objectif est de récréer les logements et les infrastructures perdus, mais aussi de restaurer la flore et la biodiversité des régions sinistrées avec un système qui prévient ou atténue les futurs incendies. C'est ainsi qu'il a imaginé l'immeuble Waria Lemuy, dont la façade autorise une ventilation transversale du bâtiment – ce qui ralentit les vents et donc les flammes. Clé du projet, son système de stockage et d'irrigation d'eau permettrait d'augmenter l'humidité de l'environnement, un facteur essentiel dans la propagation des feux de forêt.

Et s'il était possible d'exploiter l'énergie infinie des volcans tout en les empêchant d'entrer en éruption ?

VOLCANO TOWER

CONCEPTEURS : CHUNYANG LI, SHUAI YANG, ZHENHANG ZHAO, RUIZE XIAO ET YUEQUN WANG

PAYS : CHINE

LANCEMENT : NC

L'ambition de cinq jeunes architectes chinois semble atteindre la folie : contrôler les volcans pour les empêcher d'entrer en éruption à l'aide d'une tour géante qui flotterait au-dessus de leur cratère… et qui, au passage, serait une centrale énergétique ! Et pourtant, leur projet est particulièrement sérieux et pourrait voir le jour très prochainement. La Volcano Tower est pour ainsi dire « plantée » dans le cratère du volcan d'où elle régule sa pression en absorbant son énergie pour éviter toute irruption, tel un bouchon de Cocotte-Minute.

Afin de résoudre le problème de l'équilibre du bâtiment en suspension au-dessus du volcan, une structure en biofilm a été spécialement conçue. Sa membrane se remplit de gaz, ce qui lui fournit la puissance nécessaire pour faire voler le bâtiment.

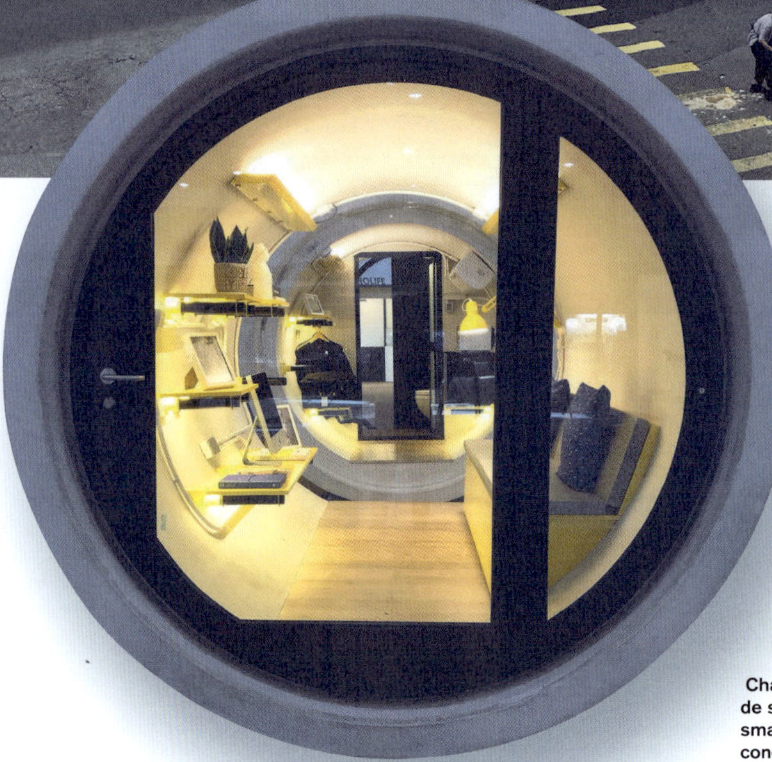

OPod,
une structure
tubulaire
pour les
sans-abri.

Chaque maison OPod Tube est équipée de serrures NFC déblocables avec un smartphone et de meubles spécialement conçus pour maximiser l'espace intérieur en tenant compte de la courbure de la canalisation.

La particularité de ces tubes est de pouvoir être empilés très facilement par des grues entre deux immeubles ou sur des terrains minuscules.

OPOD, UNE STRUCTURE TUBULAIRE POUR LES SANS-ABRIS

CONCEPTEUR : JAMES LAW

PAYS : HONG KONG

LANCEMENT : 2018

D'une surface de 9 m^2, ces mini-appartements baptisés OPod Tube Housing répondent au concept de « micro-logement résidentiel » pour les sans-abri. Ils sont d'une ingéniosité étonnante : l'architecte James Law a eu l'idée de récupérer des canalisations en béton de 2,5 m de diamètre pour créer des habitations à faible coût. À l'intérieur, une chambre, un salon et une salle de bains. Les premiers sites expérimentaux se trouvent à Hong Kong d'où est originaire James Law, mais aussi à New York.

IMPRIMANTE DE PONT MX3D

CONCEPTEUR : MX3D

PAYS : PAYS-BAS

LANCEMENT : 2018

La société néerlandaise MX3D a développé une technologie d'impression 3D de ponts en métal, intégralement robotisée. Leur logiciel transforme un bras robotisé en une véritable machine à souder géante. Le premier pont imprimé au monde sera installé sur le Oudezijds Achterburgwal, situé dans le « quartier rouge » d'Amsterdam à la fin de l'année 2018. Des capteurs intégrés dans le pont transmettront des données structurelles à un « jumeau numérique », un modèle informatique vivant qui reflétera la réalité physique de l'édifice. Ces informations seront précieuses pour la sécurité des usagers, mais aussi pour l'amélioration des futures structures métalliques imprimées en 3D…

Des capteurs collecteront des mesures structurelles telles que la déformation, le déplacement ou les vibrations pour que les ingénieurs vérifient la bonne santé de l'édifice en temps réel.
Ces données permettront aussi de savoir ce qui s'y passe, en l'occurrence combien de personnes le traversent et à quelle vitesse.

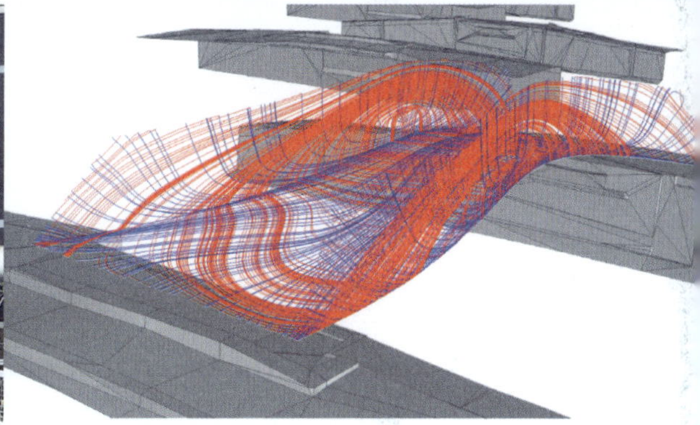

Des bras robotisés impriment des ponts métalliques pour les piétons de manière totalement autonome.

COMMERCES DE PROXIMITÉ

La ville s'étend de plus en plus loin en périphérie, les banlieues des mégapoles se retrouvant parfois à 100 km du centre-ville. Et si les marques de vêtements, les chaînes de restauration ou encore les commerces spécialisés venaient au cœur de ces lointaines banlieues ? Ou bien réalisaient sans discontinuer des tournées dans les petites villes de province ?

Un système breveté mesure le poids unitaire des produits retirés du véhicule, puis facture automatiquement le client.

ROBOMART, L'ÉPICIER À VOTRE PORTE

CONCEPTEUR : ROBOMART INC.

PAYS : ÉTATS-UNIS

LANCEMENT : 2019

Acheter des fruits ou des légumes frais en ligne est frustrant, puisque nous ne choisissons pas vraiment la qualité de ce que nous achetons. C'est pourquoi Robomart, une start-up californienne, a développé un stand de primeurs mobile autonome. Le concept repose sur un véhicule de livraison équipé d'un ensemble de radar et caméras, d'un système de contrôle de mouvement, d'un logiciel de planification d'itinéraires et d'évitement d'obstacles... Soit le niveau de sécurité le plus élevé qu'un véhicule autonome peut atteindre en 2018. De plus, le robot utilise un moteur électrique qui se recharge sans fil et permet à Robomart de se déplacer à une vitesse pouvant aller jusqu'à 40 km/h. Bien évidemment, il est réfrigéré et offrira plusieurs rayons (un par étagère). Robomart se commande comme un service de covoiturage : une fois le nombre minimal de clients atteint, il se rend dans votre quartier. Chaque client déverrouille la porte... puis fait librement sa sélection devant sa maison ou au pied de son immeuble !

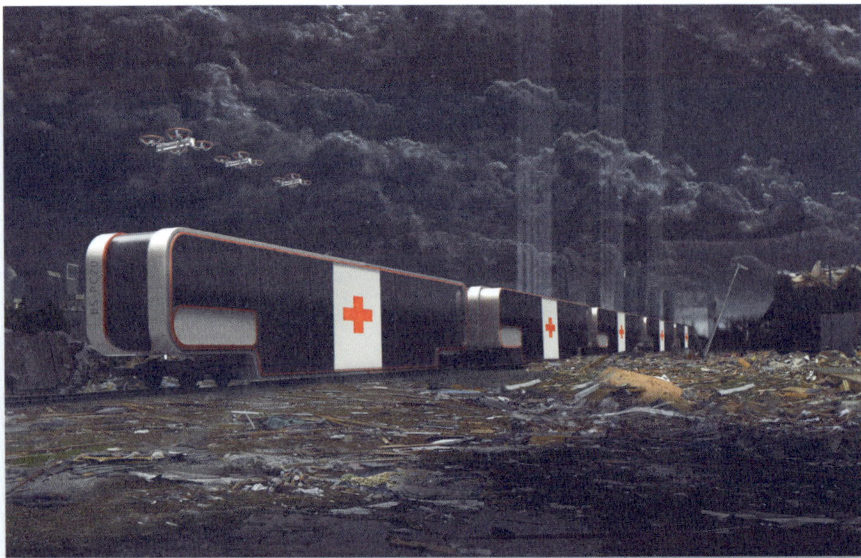

Ces voitures de train pourraient également servir de dispensaires mobiles sur des zones sinistrées.

Il serait possible de suivre le déplacement de votre magasin préféré à l'aide d'une application afin d'aller le visiter.

TZIGAN, LE MAGASIN MOBILE

CONCEPTEURS :
CHARLES BOMBARDIER ET CLARK MCCUNE

PAYS : CANADA/ÉTATS-UNIS

LANCEMENT : NC

Le Tzigan est un concept de matériel roulant autonome permettant à de grandes marques de rejoindre leurs clients vivant dans les villes périphériques de petites tailles, sans avoir à construire des magasins traditionnels. Il permettra également à des artisans locaux d'agrandir leur marché sans être obligés de construire de nouvelles infrastructures. Chaque ensemble de six Tzigan inclura une locomotive électrique conçue pour rouler silencieusement et s'arrêter dans les gares, ces dernières se trouvant le plus souvent en centre-ville. À terme, les Tzigan pourraient aussi voyager de nuit et s'arrêter dans des entrepôts automatisés pour réaliser leur approvisionnement sans aucune intervention humaine.

Et si les grandes marques se déplaçaient dans les petites villes de banlieue grâce à des magasins mobiles autonomes ?

CAMIONNETTE AUTONOME POUR PRODUITS LOCAUX

CONCEPTEUR : NURO

PAYS : CANADA

LANCEMENT : 2019

La start-up à l'origine de Nuro définit son engin comme « un véhicule autonome pour le transport de marchandises local ». Sa mission : assurer la livraison du dernier kilomètre pour des produits du quotidien comme des courses alimentaires, de la lessive ou même des médicaments. Un ensemble de capteurs situés sur le toit au-dessus d'une petite arche centrale abritent des caméras, des radars et un LIDAR, un laser de détection des obstacles propre à tous les véhicules autonomes. Ne cherchez pas de commandes manuelles ou de volant, rien n'a été prévu pour reprendre le contrôle de cette épicerie robotisée…

PIX, L'UTILITAIRE AUTONOME ET MODULAIRE

CONCEPTEUR : FLEXLAB

PAYS : CHINE

LANCEMENT : 2018

PIX n'est pas simplement une voiture autonome, c'est un terminal intelligent multifonctions. Qu'il s'agisse du système de commande, du moteur électrique ou de la structure de sa cabine, PIX s'adapte à différentes utilisations telles qu'une navette de transport urbain, un commerce robotisé ou des livraisons autonomes de proximité. Son design s'inspire du ruban de Möbius, une surface géométrique dont le bord est un cercle : le pourtour de l'engin ne possède qu'une seule face contrairement à un ruban classique qui en posséderait deux...

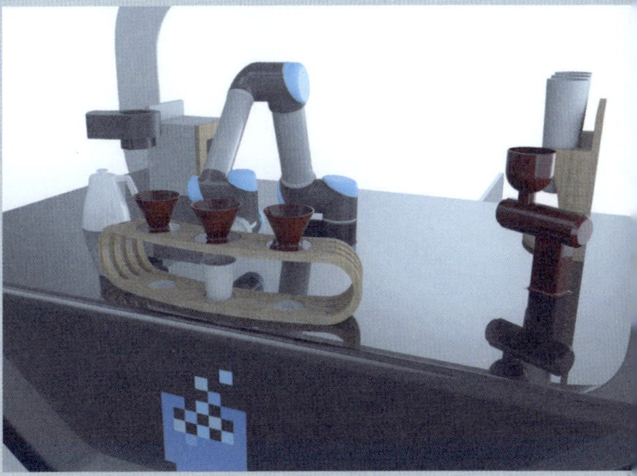

MAISON

Sans en avoir l'air, la maison fait sa révolution. Elle devient électriquement autonome et vous simplifie la vie quotidienne. Entrez dans la maison 2.0 !

❶ Investir dans une unité de stockage dédiée sera indispensable pour redistribuer l'énergie solaire captée par les tuiles dans le réseaux électrique de la maison.

❷ Toutes les tuiles installées ne sont pas solaires. Vous ajustez leur nombre en fonction de votre besoin énergétique… et de votre budget !

❷

DES TUILES PHOTOVOLTAÏQUES

CONCEPTEUR : TESLA

PAYS : ÉTATS-UNIS

LANCEMENT : 2018

Le célèbre fabricant de voitures électrique Tesla invente des tuiles solaires ! Alors que les tout premiers toits sont déjà installés, Tesla affirme que ces tuiles coûteront moins cher qu'un toit normal, soit environ 180 euros le mètre carré. Et, qu'elles soient conçues par Tesla ou par d'autres fabricants, investir dans de telles tuiles sera bientôt une option sérieuse pour tout un chacun… pour peu que vous envisagiez de remplacer votre toit.

SCRIBIT, IMPRIMER, EFFACER INDÉFINIMENT SUR N'IMPORTE QUEL MUR

CONCEPTEURS : CARLO RATTI, GIOVANNI DE NIEDERHAUSERN, EMANUELE ROSSETTI, ALESSANDRA SAVIO ET LUCA GIACOLINI

PAYS : ITALIE

LANCEMENT : 2019

Et si vous pouviez modifier la surface d'un mur en temps réel ? Le bureau de design et d'innovation italien CRA-Carlo Ratti Associati a développé Scribit, un petit robot qui inaugure une nouvelle façon de présenter du contenu numérique en personnalisant instantanément tous supports verticaux, qu'il s'agisse d'une vitrine, d'un bureau ou de votre salon.

Avec ses moteurs intégrés, Scribit peut être installé en moins de 5 minutes : il suffit de deux clous et d'une prise de courant ! De plus, grâce à une technologie d'encre particulièrement innovante, le robot efface et redessine un nombre infini de fois, ce qui vous permettra ainsi d'imprimer une image différente sur votre mur tous les jours… ou même toutes les minutes !

Scribit

LE DRESSING QUI FAIT PRESSING

CONCEPTEUR : THREADROBE

PAYS : ÉTATS-UNIS ET CORÉE DU SUD

LANCEMENT : 2018

Imaginez que vous n'ayez plus jamais à plier, suspendre ou ranger votre linge… Prenez une pile de vêtements propres chiffonnés, tout juste sortis de la sécheuse. Placez-les directement dans le ThreadRobe et c'est fini. Votre automate fait le reste en défroissant, pliant, triant et stockant chaque vêtement. Plus fort encore, il vous aide à sélectionner des tenues, à les préparer pour être placé directement dans une valise. Et vous propose même de vous séparer de ce que vous ne portez jamais !

LIVING LIGHT, UTILISER L'ÉNERGIE VÉGÉTALE POUR S'ÉCLAIRER

CONCEPTEURS :
ERMI VAN OERS ET PLANT-E

PAYS : PAYS-BAS

LANCEMENT : 2019

Imaginez une lampe qui n'a pas besoin d'être branchée – et que vous devrez arroser une fois par semaine… La jeune designer Ermi van Oers a mis au point une plante qui éclaire naturellement. Lorsque les composés organiques sont libérés dans le sol par la photosynthèse, certaines bactéries génèrent des électrons et des protons. Dès lors, ces particules constitutives d'énergie sont converties en lumière. Plus la plante est saine, plus sa photosynthèse est efficace, plus le système éclaire !

LAVER LE LINGE EN 4 MINUTES, SANS ÉLECTRICITÉ

CONCEPTEUR : GENTLEWASHER

PAYS : PAYS-BAS

LANCEMENT : 2018

Besoin de laver des vêtements délicats à la hâte ? Ce lave-linge révolutionnaire va vous changer la vie ! Branchez un tuyau au bout du robinet, mettez vos vêtements à l'intérieur avec une cuillerée à café de détergent (pas plus !), et commencez à tourner la manivelle. Après un cycle de lavage de 2 minutes et un cycle de rinçage également de 2 minutes, les vêtements sont propres et prêts à sécher !

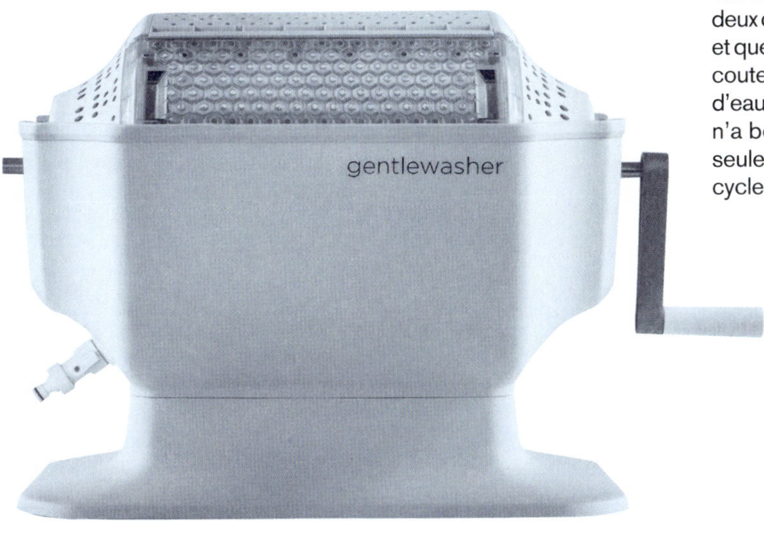

MINI-LAVE-VAISSELLE

CONCEPTEUR : HEATWORKS

PAYS : ÉTATS-UNIS

LANCEMENT : 2018

Selon son concepteur, le ménage moyen en Europe est de 2,58 personnes. Et si ce ménage passait du lavage à la main à un lavage avec une machine, il pourrait économiser pas moins de 6 000 litres d'eau par an ! Dans cette idée, le mini-lave-vaisselle transparent Tetra est conçu pour ne laver que deux couverts, soit deux assiettes, et quelques verres, fourchettes et couteaux. Il n'utilise ainsi que 1,5 l d'eau et son réservoir à détergent n'a besoin d'être rempli qu'une seule fois pour des douzaines de cycles de lavage.

DINA, LA LAMPE QUI VOUS FAIT PRENDRE CONSCIENCE DE LA VALEUR DE L'ÉLECTRICITÉ

CONCEPTEUR : MOAK STUDIO

PAYS : COLOMBIE

LANCEMENT : 2019

Dina, une lampe conçue par le studio colombien MOAK, a besoin d'argent pour être activée. Bien plus qu'une simple lampe qui éclaire la pièce, Dina a pour vocation l'éclairage de notre conscience écologique ! Lorsque la pièce est insérée, le circuit électrique est activé et les ampoules s'allument... mais toutes les pièces ne peuvent pas l'allumer. Et n'espérez pas utiliser des centimes, seules fonctionneront des pièces plus lourdes, de grandes ou de moyennes dimensions (quelle que soit la devise, leur valeur sera plus importante).

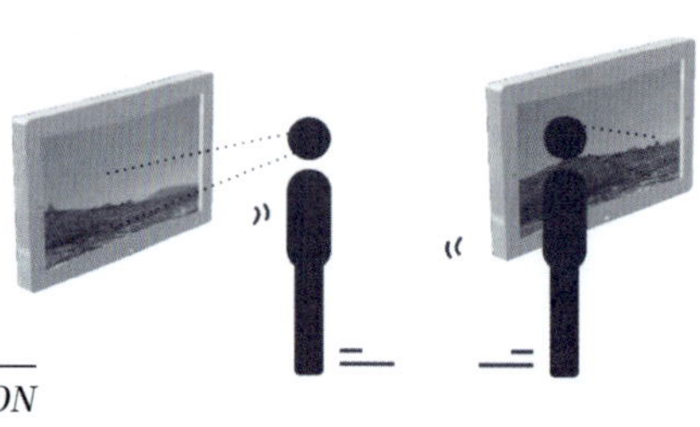

WINACTIV, UNE VRAIE FENÊTRE VIRTUELLE

CONCEPTEUR : WINTUAL

PAYS : FRANCE

LANCEMENT : 2018

La start-up française WINTUAL a conçu une étonnante fenêtre virtuelle et connectée baptisée WinACTIV. Celle-ci donne l'illusion d'une vraie fenêtre grâce à un écran qui diffuse une vue de l'extérieur en direct... Un simple écran, nous direz-vous ? Certainement pas ! WinACTIV adapte l'angle de vue à la position de la personne ainsi que vous le montre ce schéma ci-contre. La caméra calcule la position des yeux de l'observateur 25 fois par seconde et les paysages bougent selon ses déplacements, comme face à une vraie fenêtre. Le but d'un tel accessoire est d'améliorer les conditions de travail en entreprise, d'être placé dans les hôpitaux, chez les professionnels du tourisme et de l'hôtellerie... ou plus simplement chez des particuliers souhaitant améliorer leur bien-être dans une pièce en murs aveugles.

QC-1, « MINER » DES CRYPTOMONNAIES AVEC UN RADIATEUR

CONCEPTEUR : QARNOT COMPUTING

PAYS : FRANCE

LANCEMENT : 2018

L'impact énergétique des cryptomonnaies est un défi crucial : le bitcoin consommerait à lui seul autant d'électricité que la Grèce ! La raison est simple : les cryptomonnaies existent grâce à une blockchain, entendez par là, des ordinateurs éparpillés géographiquement mais qui mutualisent leur puissance de calcul pour faire fonctionner informatiquement l'offre et la demande du marché des cryptodevises. Plus votre ordinateur se mettra au service d'une blockchain, plus ses microprocesseurs chaufferont, consommeront de l'énergie et plus le « système » vous rémunérera. Reste à connaître cependant le coût de l'électricité consommée par l'ordinateur pour faire la différence et calculer votre revenu. C'est ainsi que la start-up française Qarnot Computing a eu l'idée très astucieuse de créer un cryptoradiateur. Grâce à ses 2 processeurs, le QC-1 dégage une chaleur dont vous avez besoin par ailleurs pour vous chauffer. En même temps, il « mine » (il se met au service de la blockchain). QC-1 possède une puissance de minage qui lui permettrait en théorie de générer un revenu allant de 30 à 100 euros par mois si l'on s'en tient aux cours de l'Ethereum de ces derniers mois. En un mot, votre radiateur vous chauffe, rembourse le coût du chauffage et dégage même un petit bénéfice !

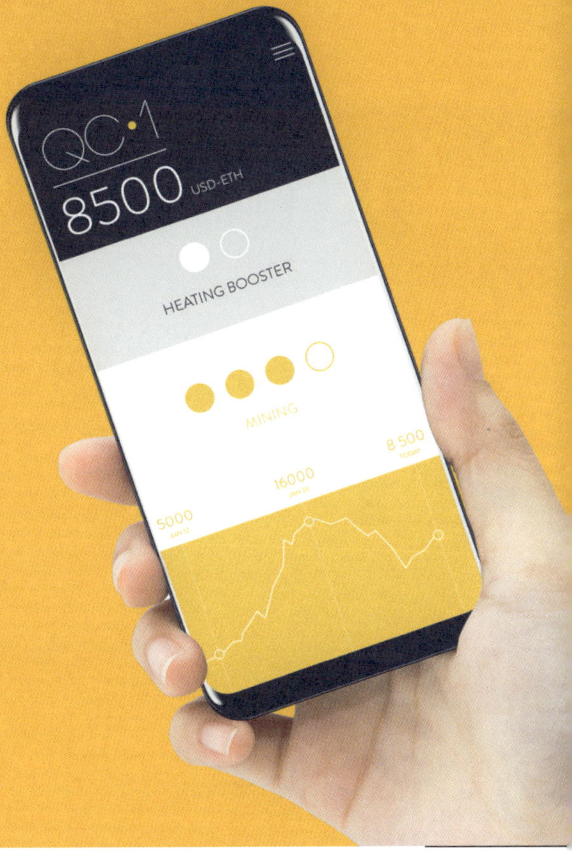

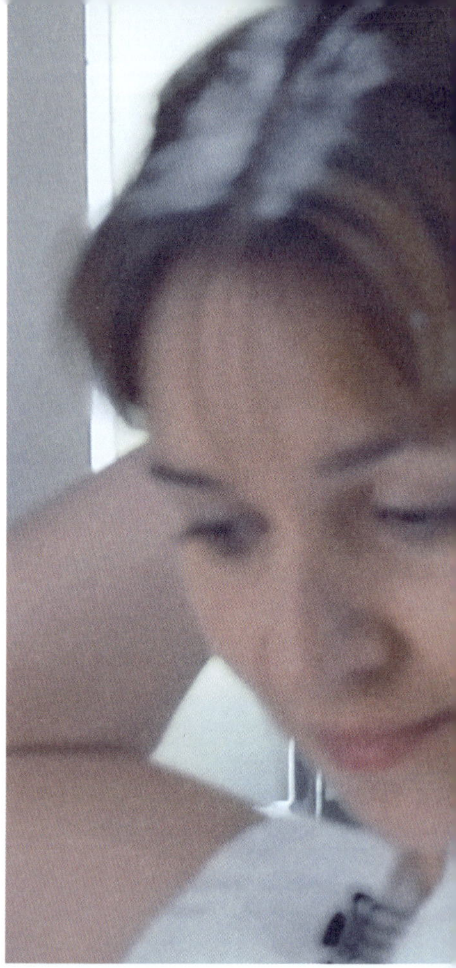

BEAUTIGLOO, UN FRIGO POUR LES COSMÉTIQUES

CONCEPTEURS : CLARA LIZIER ET FLORIAN MÉNARD

PAYS : FRANCE

LANCEMENT : 2018

Selon certaines études marketing, plus de 22 millions de femmes en Europe placent leurs produits de beauté au réfrigérateur pour les conserver et préserver leurs propriétés, ce qui n'est pas absurde d'un point de vue chimique, surtout si l'on considère le coût souvent important de ces produits. Pourtant, un frigo n'est pas adapté pour de tels usages pour des questions d'hygiène mais aussi parce que la température est beaucoup trop basse. C'est ainsi qu'une start-up a eu l'idée d'un appareil dédié, le beautygloo, qui – en plus de servir de rangement et de mieux conserver les produits – améliore l'effet des crèmes cosmétiques lorsqu'elles sont appliquées froides. Il fallait y penser !

CAREOS, LE SYSTÈME D'EXPLOITATION DE VOTRE MIROIR

CONCEPTEUR : CAREOS (BARACODA)

PAYS : FRANCE

LANCEMENT : 2018/2019

D'ici à 2030, on prévoit 125 milliards d'objets connectés sur le marché, dont beaucoup seront utilisés dans la salle de bains. CareOS les connecte via la CareOS box pour les afficher sur un miroir ou une tablette. Cela vous permettra entre autres fonctions de suivre l'évolution de vos paramètres de santé et de beauté grâce à des fonctionnalités comme la reconnaissance gestuelle, la reconnaissance faciale, les commandes vocales (« Dis-moi miroir, ai-je de nouveaux grains de beauté ? Quel est mon poids ? »)... et même l'intelligence artificielle pour le maquillage : en fonction de vos produits de beauté, des tutoriels vidéo correspondants s'affichent !

A45, MA CABANE AUTONOME AU FOND DES BOIS

CONCEPTEURS : KLEIN (KLEIN HOUSE LLC) ET BIG-BJARKE INGELS GROUP

PAYS : ÉTATS-UNIS

LANCEMENT: 2018/2019

Les futurs propriétaires de cette maison miniature peuvent l'acheter, l'aménager et la faire construire dans un délai de 4 à 6 mois, peu importe l'endroit de la planète... que ce soit pour un lieu de week-end, une chambre d'amis, un studio de musique ou une retraite spirituelle au fond des bois. L'idée du studio de design à l'origine de ce projet est d'offrir une grande variété de maisons minuscules qui seront conçues par certains des plus grands architectes du monde. Le premier prototype a été édifié dans l'État de New York aux États-Unis. Le bâtiment est doté d'un étage et possède une superficie de 16 m^2 environ. Cette surface comprend un espace de vie avec petite table de cuisson, un couchage et une salle de bains.
En partant de modules qui sont assemblés sur le site et reposent sur quatre piliers en béton, il est possible de construire ces maisons minuscules dans des zones reculées sans avoir besoin de machines lourdes. De plus, elles sont entièrement autonomes tant pour leur consommation d'eau que pour l'électricité grâce à leurs capteurs solaires.

HABITATS MOBILES

Et si notre habitat nous permettait de vivre n'importe où ? Dans les bois par exemple, suspendus à la cime des arbres... À moins que vous ne préfériez profiter d'une valise « chambre à coucher » au fond de votre jardin ? Dorénavant, c'est à vous de décider !

B-TURTLE, LA MICRO-CARAVANE VÉLO ÉLECTRIQUE

CONCEPTEUR : GERNOT RAMMER (GENTLETENT)

PAYS : AUTRICHE

LANCEMENT : 2018

L'Autrichien Gernot Rammer a créé un camping-car innovant qui permet aux cyclistes de se déplacer rapidement : une remorque de vélo compacte, la « B-Turtle », se gonfle en quelques minutes pour créer un abri confortable pour deux personnes. Cette tente gonflable est équipée d'une fenêtre à l'arrière et de deux ouvertures avec des moustiquaires sur les côtés. Elle se démonte en 10 minutes seulement. Gernot Rammer est convaincu qu'il a inventé un nouveau format de voyage avec la B-Turtle grâce au boom des vélos électriques !

UNE TENTE SUSPENDUE

CONCEPTEUR :SKY-POD WORLD

PAYS : GRANDE-BRETAGNE

LANCEMENT : 2018

Des designers britanniques ont inventé le Sky-pod, une tente destinée à être suspendue dans les arbres. L'avantage d'un tel procédé est de pouvoir être déployé en un instant et de s'offrir ainsi un abri en hauteur au sec et en sécurité. Nul besoin comme sur notre photo ci-contre de grimper jusqu'à la cime, un mètre de hauteur sera suffisant et bien plus rassurant ! Basée sur des composants de qualité militaire, sa structure « à point unique » (tel un tipi indien qui n'aurait qu'un seul axe) est particulièrement innovante. Le socle et les parois sont complètement paramétrables selon l'usage de la tente, en l'occurrence dormir dans des forêts exotiques et lointaines (paquetage léger et simplifié) ou servir d'aire de repos pour faire la sieste dans votre jardin (support rembourré particulièrement confortable).

KARTENT, LA TENTE EN CARTON RECYCLABLE

CONCEPTEURS :
WOUT KOMMER,
JAN PORTHEINE (KARTENT)
ET CHICO AERTSEN
(SMURFIT KAPPA).

PAYS : PAYS-BAS

LANCEMENT : 2018

Lors d'événements tels que les festivals d'été, des campements sont organisés pour le public. Ceux-ci viennent avec des tentes « premier prix » en plastique qui ne sont destinées, le plus souvent, qu'à être utilisées une seule fois. Dès lors, au moment de repartir, beaucoup sont abandonnées sur place. Partant de ce constat, le Néerlandais Jan Portheine a eu l'idée de concevoir la première tente entièrement recyclable. Bien évidemment, elle résiste à la pluie. Et les cartons pouvant être imprimés, il sera possible pour les festivaliers de faire sponsoriser par des annonceurs le précieux accessoire, le rendant quasiment gratuit... Autre idée particulièrement astucieuse, la version junior trouvera sa place dans une chambre d'enfant, et sera de plus intégralement coloriable !

VOTRE MAISON DANS UNE VALISE

CONCEPTEUR : MARC SADLER

PAYS : ITALIE

LANCEMENT : 2018

L'innovation futuriste ne passe pas nécessairement par l'électronique. Pour preuve, le designer Marc Sadler transforme nos valises en modules multifonctions et tente d'inaugurer le style de vie « out-of-the-box ». Ainsi la Cookstation dédiée aux globe-trotters « geek » est équipée d'une plaque de cuisson et d'un réfrigérateur. Elle permettra aux voyageurs les plus exigeants d'atteindre une mobilité sans compromis en satisfaisant leurs envies de « thé dans le désert » ou de pique-nique spontané à minuit en pleine nature. Dans cette logique, Marc Sadler a également trouvé le moyen d'intégrer une chambre à coucher avec armoire, lit et table de chevet dans une seconde valise, la Bedstation. Enfin, pour financer l'achat de ces must-have, un bureau complet avec chaise et tiroir (la Workstation) s'imposait…

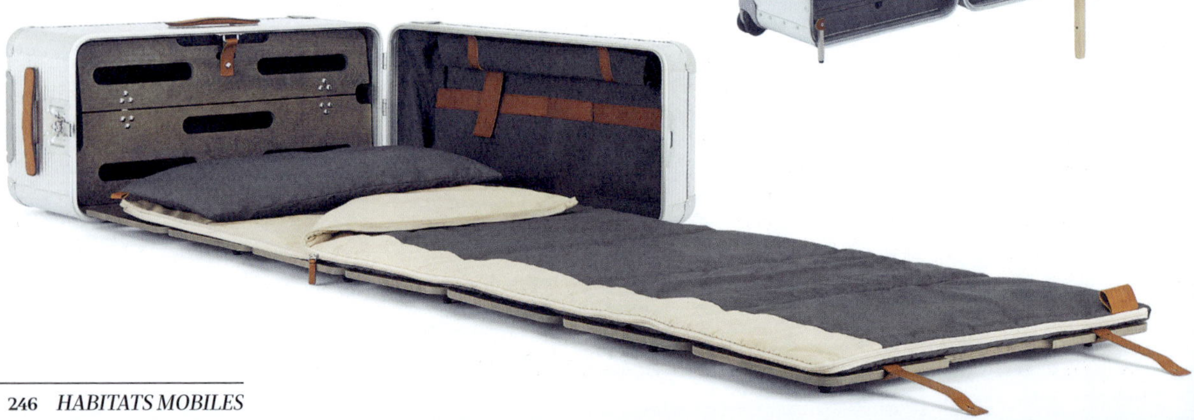

L'AUTONOMUS TRAVEL SUITE

CONCEPTEUR : APRILLI DESIGN STUDIO

PAYS : ÉTATS-UNIS

LANCEMENT : NC

Tout à la fois voiture de location personnelle et chambre d'hôtel, l'Autonomous Travel Suite (ATS) propose une nouvelle façon de voyager et une expérience hôtelière inédite qui débute lors du traditionnel ckeck-in devant un automate vous invitant à regagner votre chambre. Celle-ci est petite, mais lumineuse et contient tout le confort pour ce type de situation : un bureau, un lit et une salle de bains. Le lendemain, vous prenez l'avion assez tôt, vers 8 h, et votre hôtel est à une heure de l'aéroport. Votre réveil sonne… il est 7 h. C'est bon, vous avez encore le temps de vous préparer tranquillement. 7 h 30, ATS vous remercie pour votre séjour, ouvre ses portes… votre chambre mobile et autonome vous laisse ressortir dans la zone d'embarquement de votre vol !

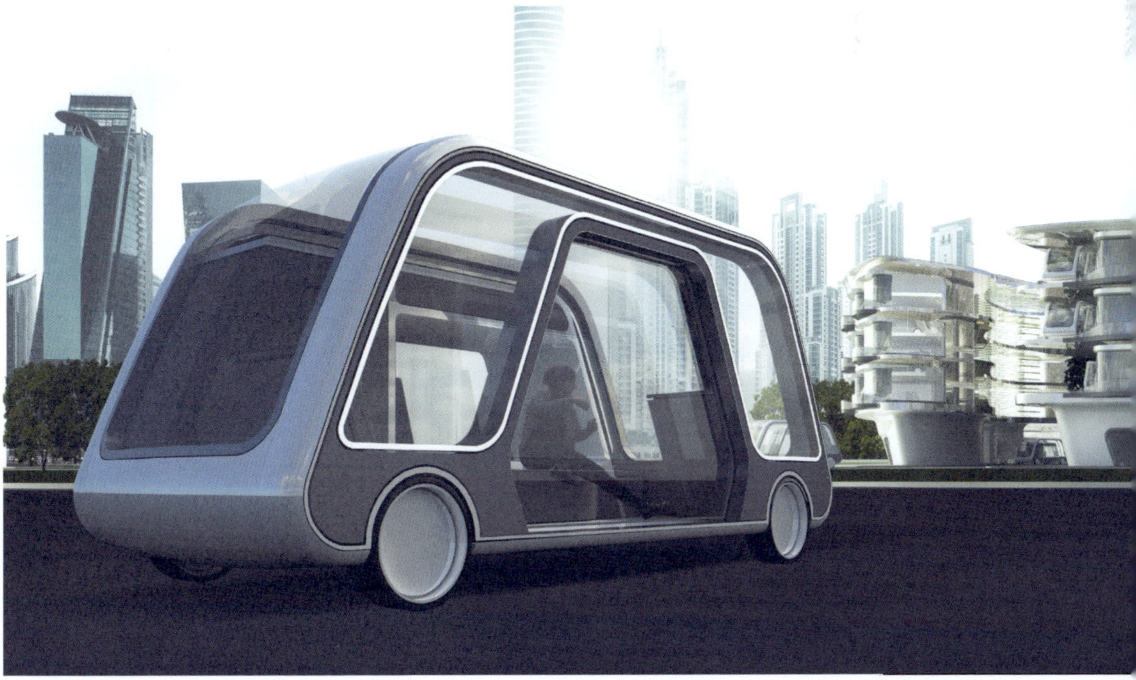

LIVING THE TILL, L'HABITAT MOBILE SUSPENDU DANS LES ARBRES

CONCEPTEUR : EOA INC
POUR LES RADICAL INNOVATION AWARD

PAYS : ÉTATS-UNIS

LANCEMENT : NC

Voici Living the Till, un concept de « villégiature mobile » particulièrement étonnant. Cette structure nomade permet une occupation saisonnière dans les zones forestières les plus reculées sans nuire à l'écosystème local. Et ce, en planant tel un accrobranche à 10 m au-dessus du sol. L'ensemble comporte une plateforme de maille soutenue par une série de câbles installés par des grimpeurs spécialisés. Les vues sont spectaculaires, mais surtout, ce concept encourage un mode de vie durable grâce à une ventilation naturelle et des besoins limités aux ressources les plus proches.

LOISIRS

Les loisirs du futur proposent de nous faire rêver de manière toujours plus réaliste. Le virtuel bouleverse nos sens et trompe notre cerveau...

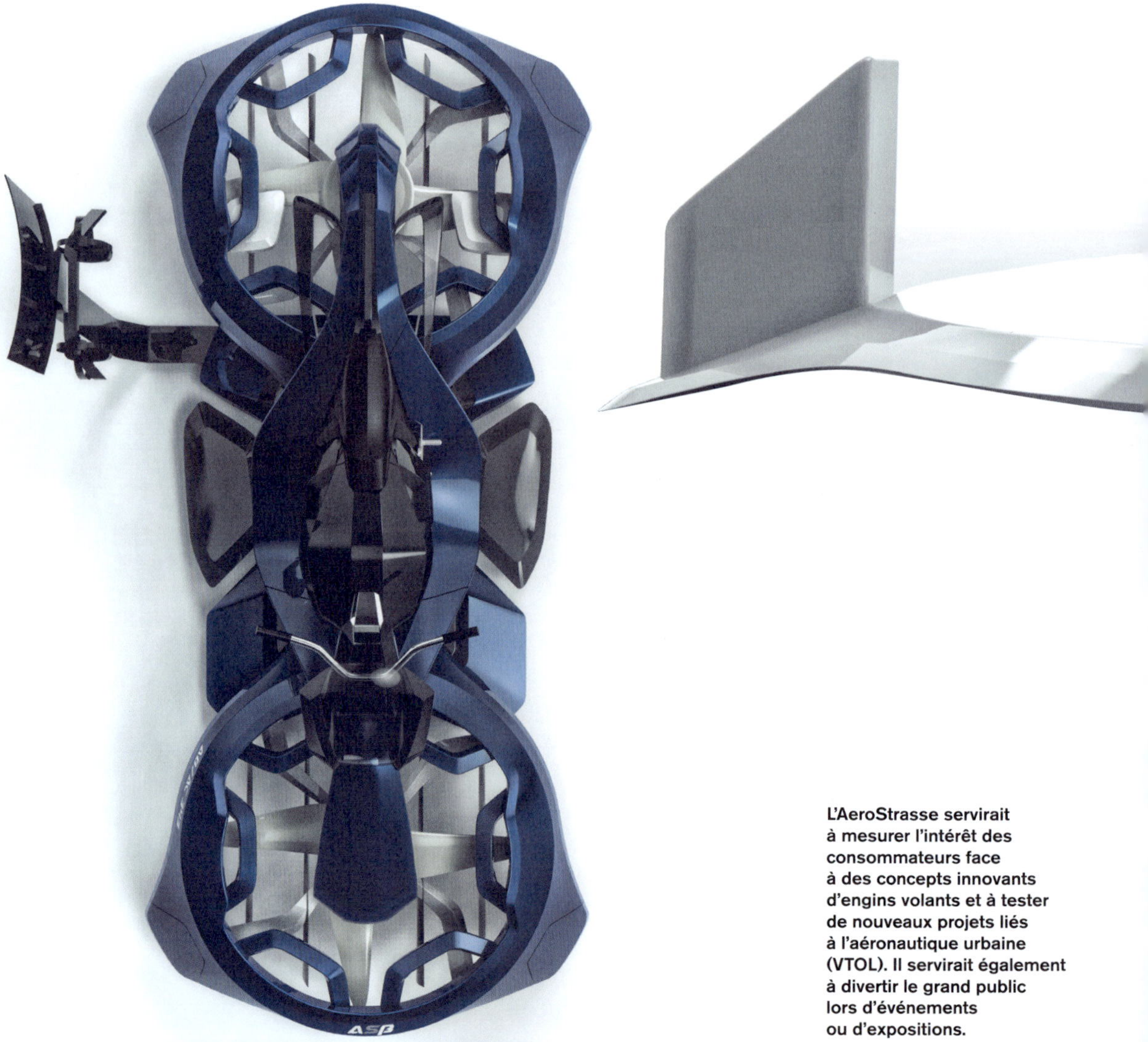

L'AeroStrasse servirait à mesurer l'intérêt des consommateurs face à des concepts innovants d'engins volants et à tester de nouveaux projets liés à l'aéronautique urbaine (VTOL). Il servirait également à divertir le grand public lors d'événements ou d'expositions.

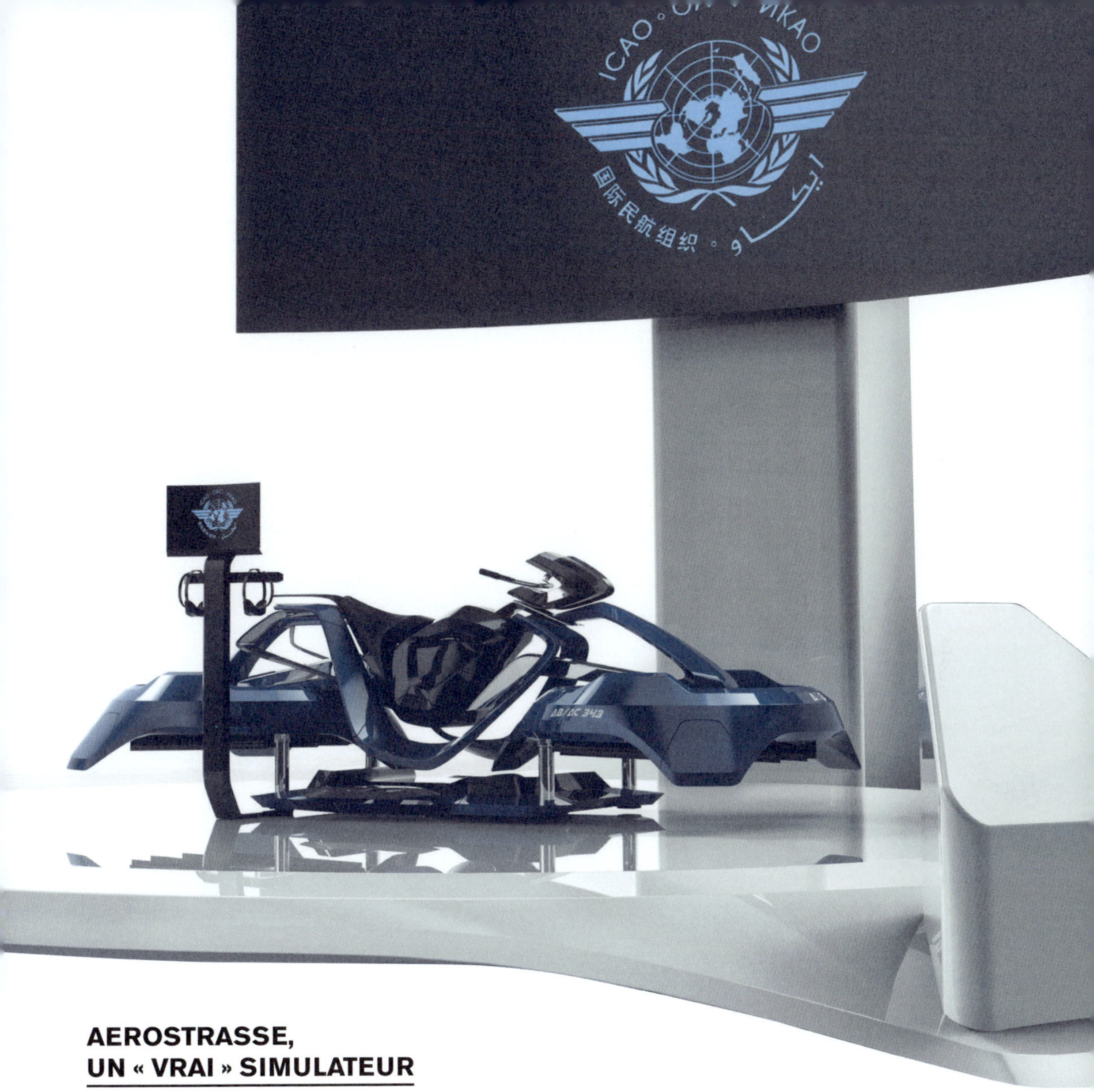

AEROSTRASSE, UN « VRAI » SIMULATEUR

CONCEPTEURS :
CHARLES BOMBARDIER ET MARTIN RICO

PAYS : CANADA

LANCEMENT : NC

L'AeroStrasse est un concept de simulateur de vol motorisé ultraréaliste qui permet de créer des expériences variées de pilotage grâce à la réalité virtuelle. Il est conçu pour les inventeurs, dessinateurs industriels et ingénieurs travaillant sur la conception de machines volantes futuristes (les VTOL présents dans cet ouvrage par exemple!) mais aussi pour le grand public qui pourrait se divertir avec un engin particulièrement réaliste. Il combine la réalité virtuelle et l'apprentissage automatique afin d'analyser le comportement et la réaction des pilotes durant chaque séance.

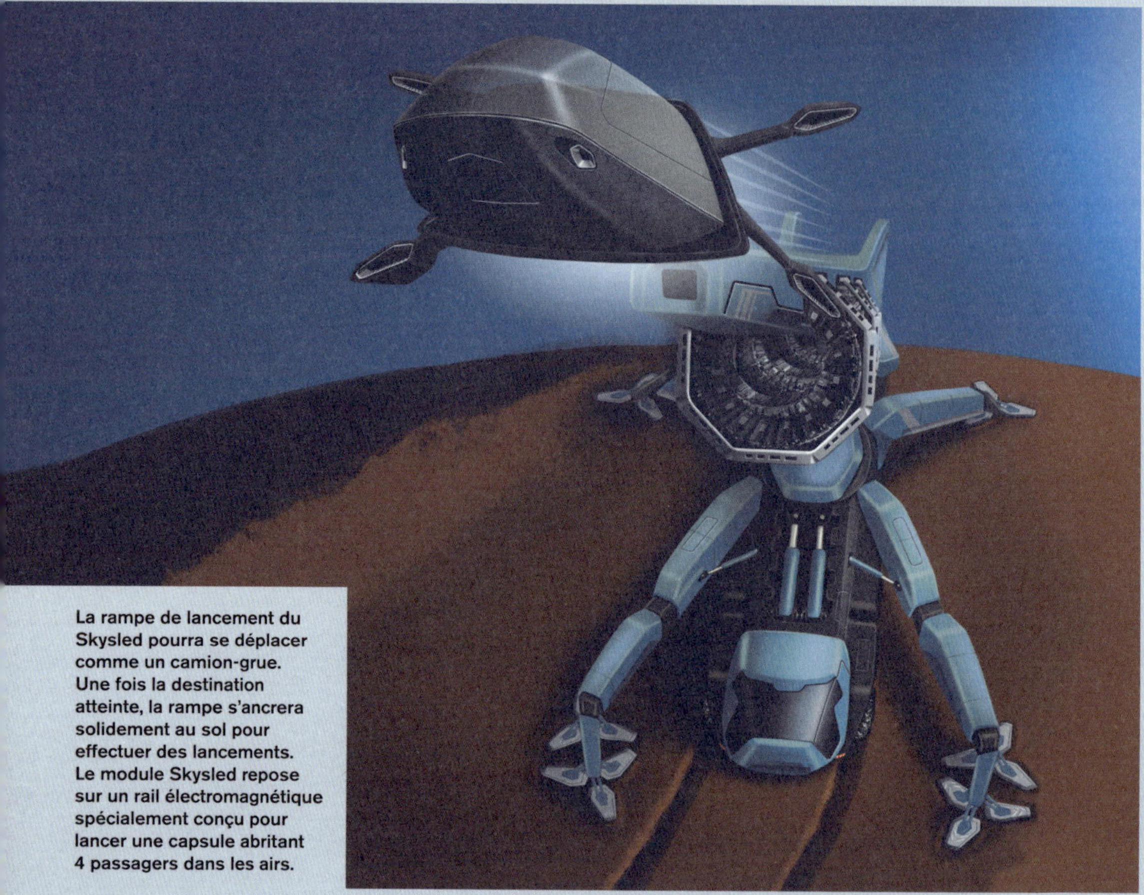

La rampe de lancement du Skysled pourra se déplacer comme un camion-grue. Une fois la destination atteinte, la rampe s'ancrera solidement au sol pour effectuer des lancements. Le module Skysled repose sur un rail électromagnétique spécialement conçu pour lancer une capsule abritant 4 passagers dans les airs.

SKYSLED, L'APESANTEUR POUR LE LOISIR

CONCEPTEURS : CHARLES BOMBARDIER, WILLIAM RUSSEL ET EREN BIRBEN,

PAYS : CANADA

LANCEMENT : NC

Le Skysled est un concept de manège qui vous donnera un « boost » maximal d'adrénaline ! L'appareil consiste en une capsule qui est lancée dans les airs selon une trajectoire parabolique. Il permettra d'expérimenter une accélération fulgurante et un bref moment d'apesanteur. Son atterrissage sera assisté par des rétrofusées. À chaque lancement, un ordinateur de bord calculera la trajectoire afin de s'assurer que la zone d'atterrissage est correcte en fonction des conditions météorologiques, du poids des passagers, du balancement de la capsule, etc.

LANCEMENT : NC

L.A.D pour « Land and Air Drone », littéralement « Drone Terre et Air » est un concept d'engin télécommandé par smartphone qui combine deux mondes différents : les déplacements sur sol et l'espace aérien ; avec la capacité de conduire et voler de manière omnidirectionnelle, on prendra plaisir à le faire rouler dans des environnements escarpés ou pentus puis à soudainement le faire décoller. L.A.D est muni d'une caméra autostabilisée comme sur les appareils sportifs, ce qui lui permettrait de prendre des photos relativement nettes en toutes circonstances. Enfin, il est possible de lui communiquer des itinéraires préprogrammés afin qu'il agisse comme un photographe autonome : lors d'un mariage, sa fonction pourrait être par exemple de faire lentement le tour d'une foule en alternant sol et air, sans jamais s'arrêter, pour prendre chaque invité en photo !

BATTERIES

Innovation au centre des autres innovations, les batteries deviennent une merveille technologique au même titre que les merveilles qu'elles font fonctionner : elles s'affranchissent des fils, se nourrissent de peu, stockent plus, et même parfois, savent se rendre inutiles...

Le faisceau invisible d'un émetteur laser peut charger un smartphone à l'autre bout d'une pièce aussi rapidement qu'un câble USB standard.

RECHARGE AU LASER

CONCEPTEURS : SHYAM GOLLAKOTA ET ARKA MAJUMDAR

PAYS : ÉTATS-UNIS

LANCEMENT : NC

Des chercheurs en ingénierie électrique de l'université de Washington ont mis au point pour la première fois une méthode permettant de recharger en toute sécurité un smartphone à l'aide d'un laser. Pour ce faire, l'équipe a monté une mince batterie à l'arrière d'un smartphone qui a pour particularité de capter et stocker de l'énergie en utilisant l'énergie d'un faisceau laser : l'essentiel de l'innovation n'est donc pas le laser lui-même, mais bien la batterie qui permet une telle prouesse.
L'émetteur peut être configuré pour couvrir une superficie de 100 cm^2 à 12 m de distance en délivrant 2W et recharger un smartphone placé n'importe où sur une table…
Destiné à court terme à être utilisé par le grand public, la sécurité est au centre de ce développement. Ainsi, un dissipateur sur le smartphone évacue un éventuel excès de chaleur. De plus, un mécanisme de réflecteur éteint le laser si une personne interfère dans le faisceau de charge.

Bien que des faisceaux rouges artificiels aient été projetés pour les besoins de cette photographie, le véritable laser de charge est invisible pour l'œil humain. Lorsque ce rayon invisible est interrompu par le mouvement d'une personne, l'émetteur le détecte en une fraction de seconde et déploie un obturateur pour bloquer le faisceau de charge avant que la personne puisse entrer en contact avec elle.

BATTERIES DE PAPIER

CONCEPTEUR : FUELIUM

PAYS : ESPAGNE

LANCEMENT : 2019

Faudra-t-il bientôt oublier le lithium ? Une start-up barcelonaise a créé des batteries en papier ! Elles seront destinées aux appareils de diagnostic jetables, tels que des tests capables de détecter des maladies avec des échantillons de sang. Et contrairement aux batteries ordinaires, les batteries de Fuelium ne créent pas de déchets toxiques qui nécessitent des processus de recyclage compliqués...

LE MOBILE POWER PACK

CONCEPTEUR : HONDA

PAYS : JAPON

LANCEMENT : NC

Et si vous n'aviez plus jamais à faire le plein... d'énergie ? Chaque voiture ou moto serait dotée d'une pile échangeable « à chaud ». Pendant que vous roulez en voiture autonome, vous remplacez votre Mobile Power Pack sans même vous arrêter. Peu importe, vous l'échangerez plus tard dans un distributeur contre une autre pile déjà pleine !

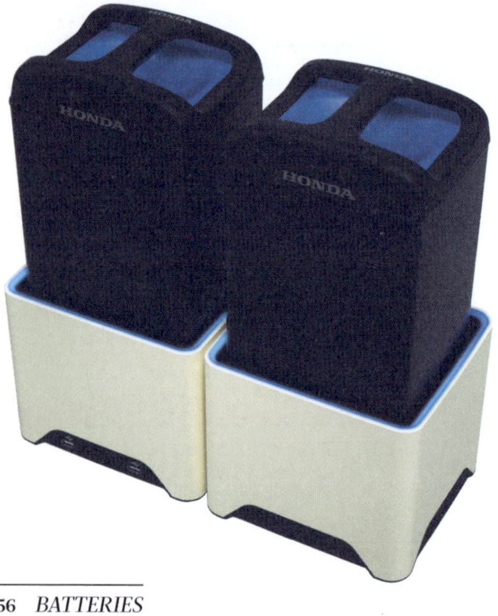

UNE ÉLECTRODE SOLAIRE RÉVOLUTIONNAIRE

CONCEPTEUR : RMIT UNIVERSITY

PAYS : AUSTRALIE

LANCEMENT : NC

Des chercheurs de l'université de Melbourne se sont inspirés du monde végétal pour créer des cellules capables de stocker l'énergie solaire avec plus de 3 000 % d'efficacité supplémentaire par rapport aux cellules classiques. Ce qui signifie que la simple lumière ambiante serait suffisante pour rechercher votre smartphone, ou même un ordinateur portable ! Au départ, ces scientifiques australiens voulaient comprendre comment les organismes vivants parviennent à accumuler beaucoup d'énergie dans un tout petit espace. Pour y arriver, ils ont logiquement choisi d'étudier l'un des organismes les plus efficaces dans ce domaine, le swordfern occidental (*Polystichum munitum*), une plante nord-américaine commune. Ses feuilles aux formes fractales sont couvertes d'une grande densité de veines, ce qui les rend extrêmement efficaces pour stocker l'énergie et transporter l'eau autour de la plante. L'électrode solaire mise au point imite ainsi les mêmes formes fractales, mais à une échelle nanométrique, le résultat étant une formidable démultiplication de son efficacité.

COTA FOREVER, LES PILES DISTANTES

CONCEPTEUR : OSSIA

PAYS : JAPON

LANCEMENT : 2019

La pile japonaise Cota Forever est la première pile AA sans fil au monde. Elle offre une alternative plus durable et pratique que les batteries jetables traditionnelles. Mais sa véritable originalité est qu'elle permet de recharger n'importe quel appareil nécessitant des piles AA à distance. Comment est-ce possible ? Des récepteurs intégrés aux piles convertissent des ondes radio (signaux RF) en puissance effective.

UN TÉLÉPHONE PORTABLE SANS BATTERIE

CONCEPTEURS : VAMSI TALLA, WU MEILING, SAM CROW, JOSHUA SMITH, BRYCE KELLOGG ET SHYAM GOLLAKOTA

PAYS : ÉTATS-UNIS

LANCEMENT : NC

Des chercheurs de l'université de Washington ont inventé un téléphone portable qui ne nécessite aucune pile. Pour faire sa démonstration, l'équipe a passé un appel Skype avec ce téléphone sans avoir besoin de batterie. Le téléphone récupère les quelques microwatts d'énergie dont il a besoin à partir des signaux radio ambiants tels que le WiFi par exemple. On imagine aisément la révolution que constituera un tel téléphone dans un futur proche…

UN CONVERTISSEUR HYDROGÈNE/ÉLECTRICITÉ

CONCEPTEURS : RICHARD KANER ET MAHER EL-KADY (UCLA)

PAYS : ÉTATS-UNIS

LANCEMENT : NC

Des chercheurs de l'université de Californie (UCLA) ont fait évoluer la technologie des moteurs à hydrogène en créant un dispositif hybride capable d'utiliser de l'énergie solaire pour produire de l'hydrogène et de l'électricité simultanément. Et ce, de manière particulièrement efficace. En effet, on a besoin de carburant pour faire fonctionner nos véhicules d'un côté et d'électricité pour faire fonctionner nos différents appareils électroniques de l'autre. Mais grâce à ce dispositif, nous pourrons bientôt produire du carburant et de l'électricité avec un seul appareil.

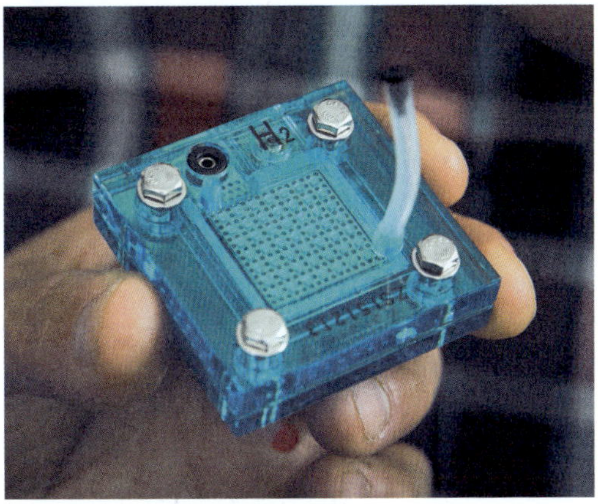

AIR

Lorsque l'on parle de qualité de notre environnement, on se doit de penser en priorité à l'air que nous respirons : les pollutions de l'air intérieur et urbain sont parmi les premières causes de mortalité dans le monde. Fort heureusement, des technologies merveilleuses nous promettent de respirer très prochainement l'air des montagnes en centre-ville !

SMOG FREE TOWER, L'ABSORBEUR DE POLLUTION DU QUARTIER

CONCEPTEUR : DAAN ROOSEGAARDE

PAYS : PAYS-BAS/CHINE

LANCEMENT : 2018

L'artiste, inventeur, architecte et entrepreneur néerlandais Daan Roosegaarde et son équipe d'experts ont créé le premier aspirateur à pollution au monde. La tour Smog Free est haute de 7 m et utilise une technologie d'ionisation positive pour produire de l'air pur dans les espaces publics, permettant aux habitants de mieux respirer gratuitement. Elle nettoie 30 000 m³ par heure et consomme très peu d'électricité. Et s'il est vrai que son design n'est pas des plus heureux au cœur des parcs de nos villes, son bénéfice environnemental nous le fera vite oublier. Un premier prototype a été installé près de Pékin…

L'émission d'ions positifs permet d'éliminer de grandes quantités de particules polluantes dans l'air, à l'échelle d'un quartier.

LE PLUS GRAND PURIFICATEUR D'AIR AU MONDE

CONCEPTEUR : NC (INGÉNIERIE PUBLIQUE DU GOUVERNEMENT CHINOIS)

PAYS : CHINE

LANCEMENT : 2018

Une tour expérimentale de plus de 100 m de haut – surnommée depuis « le plus grand purificateur d'air au monde » – a été construite à Xian dans la province du Shaanxi, au nord de la Chine. Selon des chercheurs chinois de l'Institut de l'environnement de l'Académie chinoise des sciences, on a pu constater des améliorations de la qualité de l'air sur une superficie de 10 km^2 dans la ville au cours des derniers mois. La tour aurait ainsi réussi à produire plus de 10 millions de mètres cubes d'air pur par jour depuis son lancement. Les chercheurs ont même affirmé que lors des pics de pollution, la tour était capable de réduire le niveau d'alerte de « maximal » à « modéré »...

LE DRONE PURIFICATEUR D'AIR

CONCEPTEUR : DAAN ROOSEGAARDE

PAYS : PAYS-BAS

LANCEMENT : 2018

Imaginez un compagnon qui flotte au-dessus de votre tête afin d'apurer l'air qui vous entoure. Une sorte de tour dépolluante individuelle. Et d'ailleurs, ce n'est pas par hasard si ce concept est imaginé par le même designer que la Smog Free Tower, le Néerlandais Daan Roosegaarde (cf. page précédente). Le Smog Free Drone pourrait fonctionner comme une alternative à un masque facial rigide ; Roosegaarde le décrit « un peu comme un Pac-Man se déplaçant dans la ville et vous gardant en sécurité ».

VENTIFRESH, L'ÉLIMINATEUR D'ODEUR

CONCEPTEUR : DAAN ROOSEGAARDE

PAYS : PAYS-BAS

LANCEMENT : 2018

Inspiré par la NASA qui utilise une technologie similaire dans l'habitacle des stations spatiales, VentiFresh est un éliminateur d'odeurs. D'une constitution particulièrement compacte et fonctionnant sans émettre de produits chimiques de masquage des odeurs, VentiFresh agit en décomposant les molécules d'odeurs… et souffle en même temps de l'air frais. Cet appareil est idéal pour réduire les odeurs dans les bacs à litière, les poubelles, les casiers de gym, les réfrigérateurs, les armoires à chaussures, etc. Sans filtre et sans entretien, cet éliminateur d'odeur est alimenté par un fil électrique ou par une batterie.

GEIZER, LE CLIMATISEUR ÉCO

CONCEPTEURS : DAMIEN IANNINI ET FERDINANDO PETRELLA

PAYS : ITALIE

LANCEMENT : 2018/2019

Il n'est pas raisonnable d'utiliser trop fréquemment un climatiseur : c'est un accessoire énergivore et destructeur pour le climat de la planète. Son utilisation excessive peut vous provoquer des malaises tels que maux de tête, raideur de la nuque, maux de dos et troubles respiratoires ou gastriques.

Par ailleurs, les ventilateurs donnent une sensation de fraîcheur mais stimulent la transpiration et augmentent le risque de déshydratation.
C'est ainsi que les deux jeunes inventeurs italiens Damien Iannini et Ferdinando Petrella ont imaginé un climatiseur écologique qui consomme moins de un centime d'énergie par jour !
La simplicité technique peut être parfois aussi futuriste que les produits électroniques énergivores les plus sophistiqués peuvent être désuets.
En effet, la composition du Geizer est des plus élémentaires : deux couvercles en bois, des cadres de finition en métal, une batterie rechargeable, un circuit imprimé avec micro USB, un ventilateur sans bruits et une poche de glace… voici les seuls éléments de ce projet aussi simple que génial.

ROBOTS

Les incroyables progrès de l'intelligence artificielle et les évolutions technologiques non moins surprenantes des robots – l'enveloppe physique constituée d'électroniques et de moteurs – finissent par se rencontrer... créant ainsi des êtres artificiels anthropomorphiques de plus en plus parfaits.

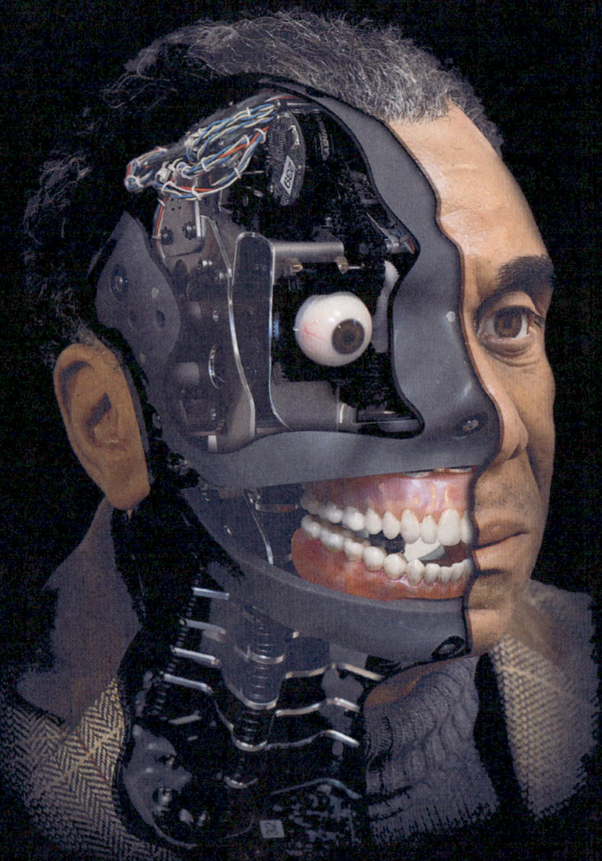

Il est possible de transférer instantanément des instructions à Mesmer, que vous soyez dans la même pièce ou à l'autre bout du monde...

À l'origine de Mesmer, Engineered Arts, une entreprise britannique spécialisée dans la fabrication de robots pour le divertissement (cinéma, télévision), l'éducation et la recherche.

MESMER, LE ROBOT PLUS VRAI QUE NATURE

CONCEPTEUR : ENGINEERED ARTS

PAYS : ROYAUME-UNI

LANCEMENT : 2018

Connaissez-vous la série à succès *Westworld* ? Des robots humanoïdes d'un réalisme sans faille animent un parc d'attractions où les visiteurs humains ont droit de vie ou de mort sur eux… Les robots Mesmer évoquent immanquablement leurs homologues télévisuels. Ils peuvent comprendre le langage corporel de leurs interlocuteurs, mais aussi l'âge ou l'humeur – et réagir en conséquence. Ils savent également maintenir leur regard pour établir un contact visuel aussi réaliste que possible.
Les utilisateurs souhaitant approfondir les possibilités de ces robots ont accès à un environnement de développement intégré dans lequel il est possible de programmer et de créer ses propres fonctions. En parallèle, le logiciel Virtual Robot de Mesmer donne aussi le contrôle aux artistes et aux créatifs qui ne sauraient pas utiliser les langages de programmation : un modèle 3D reproduit les capacités du robot physique qui lui obéit mimétiquement.

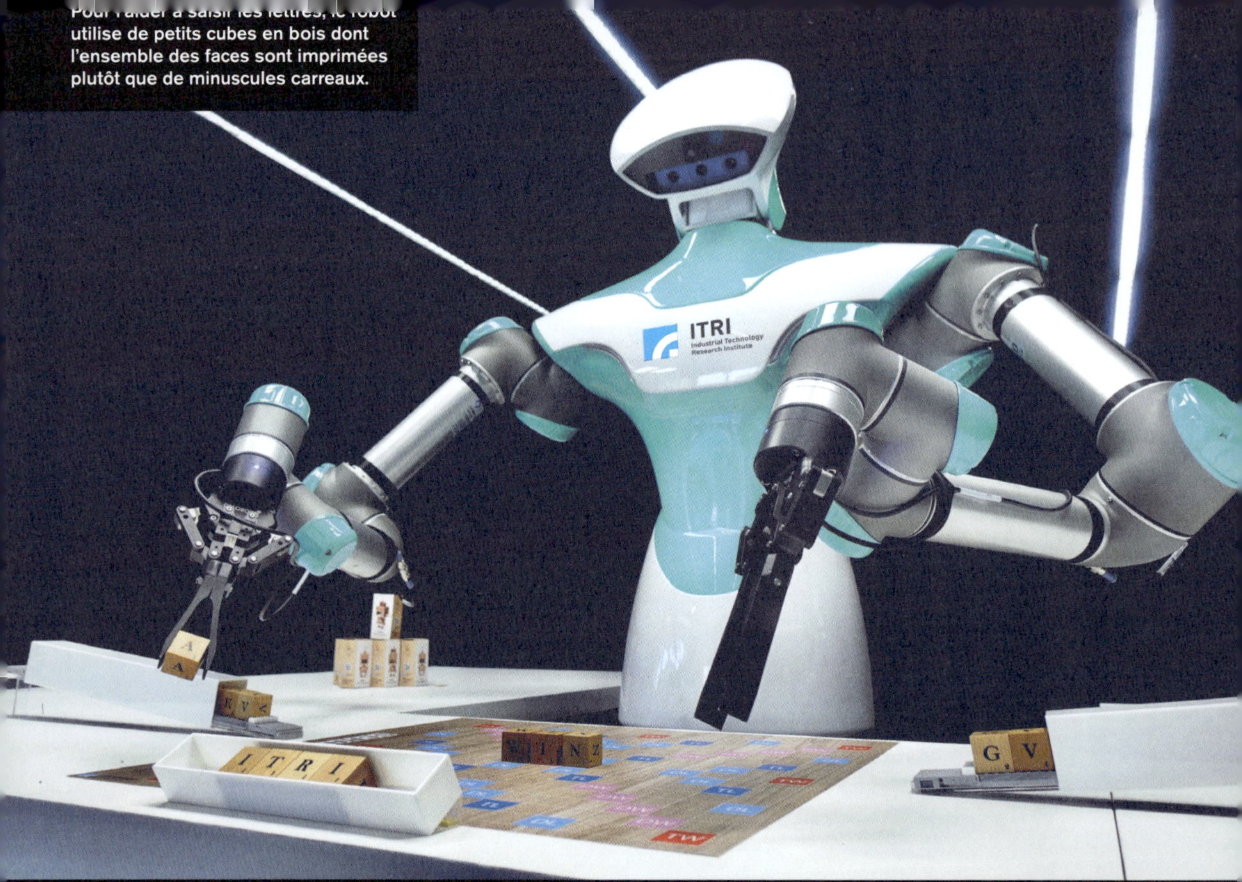

Pour l'aider à saisir les lettres, le robot utilise de petits cubes en bois dont l'ensemble des faces sont imprimées plutôt que de minuscules carreaux.

LE ROBOT COMPAGNON QUI GAGNE AU SCRABBLE

CONCEPTEUR : ITRI (INDUSTRIAL TECHNOLOGY RESEARCH INSTITUTE)

PAYS : TAÏWAN

LANCEMENT : 2018

Cette machine humanoïde, alimentée par un « système de vision intelligent pour les robots compagnons » développé par un institut de recherche taïwanais, joue physiquement au Scrabble ! Le robot doit apprendre et comprendre les règles du jeu et les meilleures stratégies pour gagner. Il doit également être en mesure de voir et de reconnaître les pièces de jeu et les couleurs du plateau. Cela signifie lire les lettres sur les cubes et identifier les lettres ou mots compte double ou triple. Sans oublier une indispensable agilité pour déplacer les pièces sans déranger le plateau – ce qui est particulièrement difficile quand vous posez deux mots l'un à côté de l'autre…

La plus grande difficulté du robot joueur de Scrabble n'est pas de trouver des mots mais de ne pas bousculer le plateau lorsqu'il pose ses lettres.

TAEKWON V, LE ROBOT QUI SKIE… MAL!

CONCEPTEUR : MINIROBOT CORP

PAYS : CORÉE DU SUD

LANCEMENT (ET CHUTE) : 2018

Parallèlement aux Jeux olympiques d'hiver 2018 de Pyeongchang en Corée du Sud s'est déroulé le désormais mémorable Edge of Robot : Ski Robot Challenge : 8 compétiteurs et autant de sociétés de robotique devaient réaliser une descente de ski alpin de 80 m à la station de Welli Hilli. Les petits skieurs mesuraient moins de 50 cm de haut, mais leur hauteur fut loin de poser un problème réglementaire puisque nos petits amis sont restés, pour l'essentiel, allongés dans la neige. Car si l'intelligence artificielle et les robots vous font peur, nous vous recommandons vivement de visionner par internet cette compétition pour vous rassurer. Comme il fallait tout de même déclarer un vainqueur, Taekwon de la société MiniRobot, étant resté quelques secondes de plus que ses pairs en station debout, fut désigné gagnant.

Le « Edge of Robot : Ski Robot Challenge » a permis de démontrer de manière scientifique que le ski n'est pas encore à la portée de nos amis les robots !

LE ROBOT ASSISTANT ARMAR-6 APPREND EN OBSERVANT

CONCEPTEUR : KARLSRUHER INSTITUT FÜR TECHNOLOGIE (KIT)

PAYS : ALLEMAGNE

LANCEMENT : NC

Les robots sont habituellement programmés pour effectuer des tâches prévues à l'avance. Dans une usine par exemple, le robot sera placé dans une zone sécurisée d'où il effectuera la mission pour laquelle il a été installé. À l'opposé, le robot assistant ARMAR-6 accompagne les ouvriers ou les artisans à proximité dans leur espace de travail. Sans rien dire, il observe... et apprend ! Soudainement, lorsque le besoin d'une vis ou d'un outil déjà employé se fait ressentir, ARMAR-6 prend l'initiative d'aller le chercher. Et éventuellement de finir la tâche débutée par l'ouvrier. Un parfait assistant qui ne cessera jamais d'apprendre.

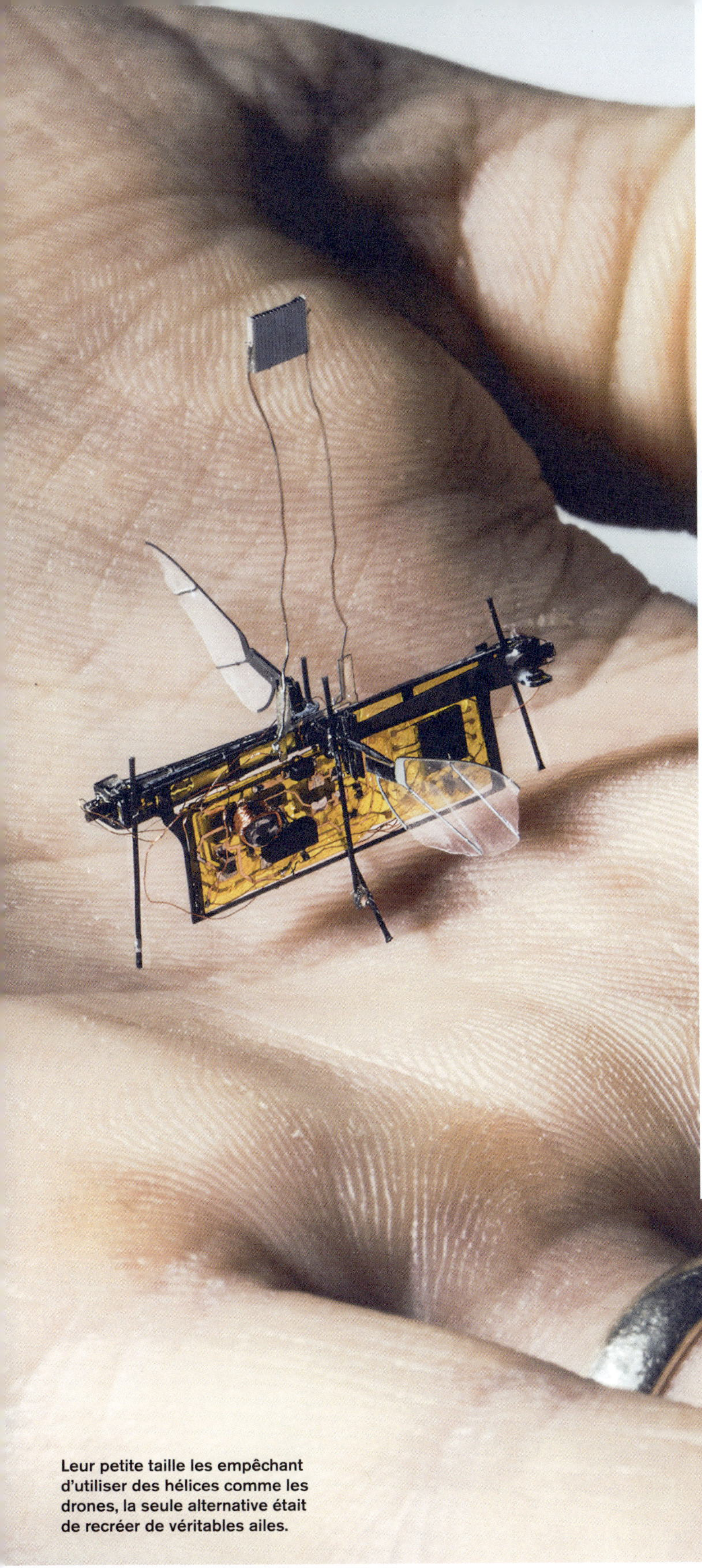

Leur petite taille les empêchant d'utiliser des hélices comme les drones, la seule alternative était de recréer de véritables ailes.

L'ENVOL DU 1er ROBOT MOUCHE

CONCEPTEURS : YOGESH CHUKEWAD, SAWYER FULLER, SHYAM GOLLAKOTA, VIKRAM IYER ET JOHANNES JAMES

PAYS : ÉTATS-UNIS

LANCEMENT : NC

Depuis de nombreuses années, les chercheurs tentent de développer des robots volants de la taille d'un insecte. Moins coûteux, plus mobiles, économes en énergie, moins dangereux pour les humains, de tels engins pourraient remplir des tâches précieuses dans le domaine agricole pour surveiller les plantations. Ou détecter des fuites de gaz le long des canalisations souterraines pour ne citer que ces deux exemples. Cette prouesse a été réussie par une équipe de roboticiens de l'université de Washington : voici RoboFly, légèrement plus lourd qu'un cure-dent, légèrement plus grand qu'une vraie mouche. Il est alimenté par un faisceau laser (cf. le chapitre sur les batteries) et utilise un minuscule circuit intégré qui convertit l'énergie laser en électricité pour faire fonctionner ses ailes. Contrainte importante restant à résoudre, la mouche doit se poser dès qu'elle sort de la trajectoire du faisceau laser qui l'alimente en énergie.

MORTIMER, LE ROBOT BATTEUR

CONCEPTEURS : LOUIS MCCALLUM ET PETER W. MCOWAN

PAYS : ROYAUME-UNI

LANCEMENT : NC

Des chercheurs de l'université Queen Mary de Londres ont développé un robot batteur baptisé Mortimer. L'objectif de ces roboticiens britanniques n'est nullement de lui faire jouer des percussions, ce qu'il fait déjà à merveille, mais d'étudier ses interactions avec les humains. De comprendre la relation sociale qui peut nous lier aux robots grâce à la pratique de l'improvisation musicale. Leur conclusion est que nous pouvons lier facilement une amitié (relation basée sur l'engagement et la confiance) avec un être artificiel pour peu que nous partagions des moments créatifs ! La simple interaction sociale n'est pas suffisante pour nouer un lien personnel. Lorsque l'occasion se présentera, sympathiser avec R2D2 sera facile : proposez-lui un « bœuf » !

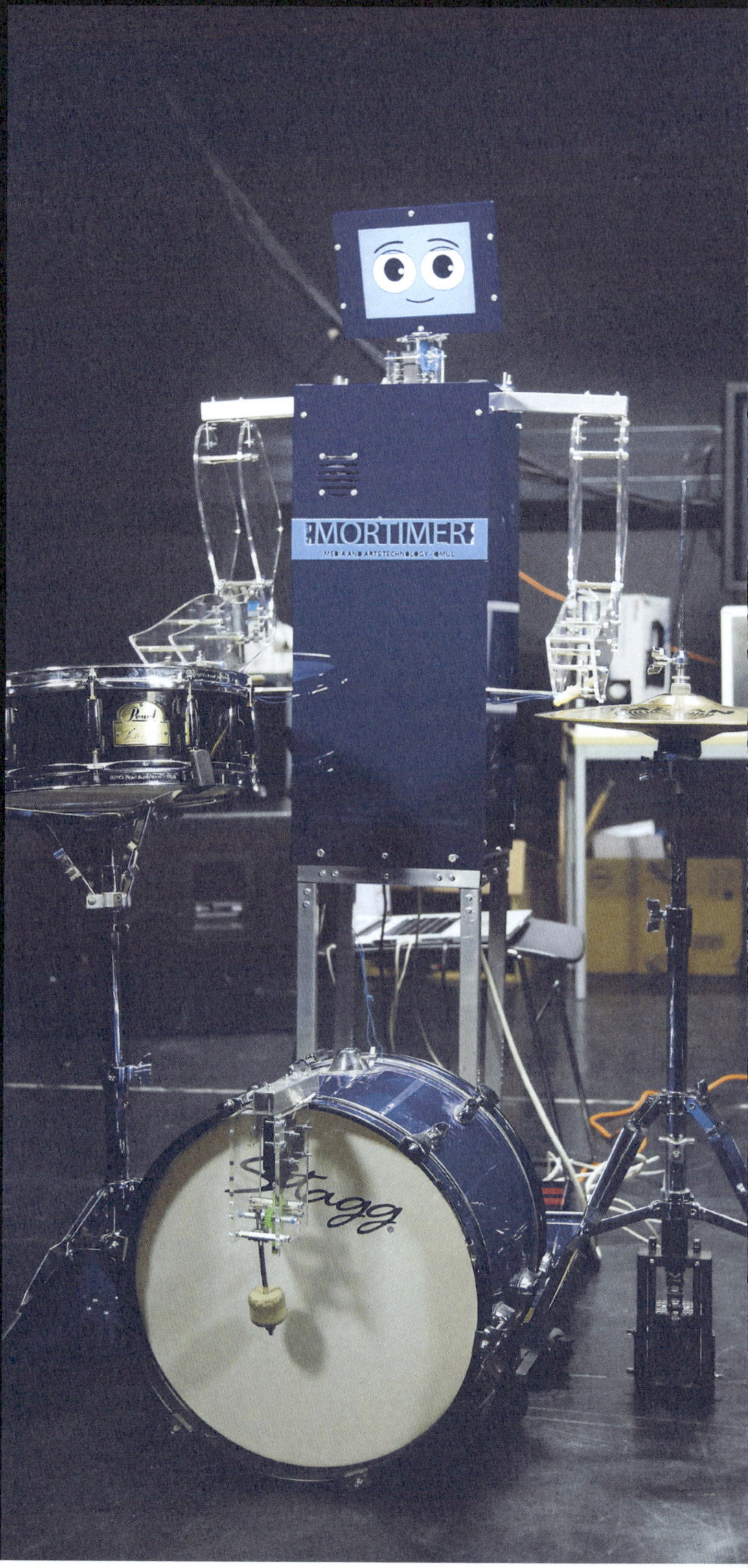

Alors que son corps est rectangulaire, ses bras et ses jambes ressemblent plus à des pieds de table qu'à des membres bioniques. Seuls aspects anthropomorphiques, Mortimer s'exprime grâce à une synthèse vocale, et son visage reflète son humeur à la manière d'une émoticône.

LE ROBOT HUMANOÏDE EUROPÉEN WALK-MAN

CONCEPTEUR : ITALIAN INSTITUTE OF TECHNOLOGY'S (IIT)

PAYS : ITALIE

LANCEMENT : NC

WALK-MAN est un robot humanoïde de 1,85 m, fait de métaux légers, de fer et de plastique. Ces composants lui permettent de maintenir facilement son équilibre et de se faufiler dans les passages étroits avec adresse. Pensé pour soutenir les équipes d'intervention d'urgence, il est capable d'activer un extincteur pour éteindre un feu ! Car la véritable innovation de WALK-MAN, c'est d'être contrôlé à distance par un opérateur humain à travers une interface virtuelle et une combinaison sensorielle. Ce dernier le fait fonctionner très naturellement, comme un avatar, tout en restant en sécurité à l'extérieur d'un bâtiment en flammes par exemple…

MIRO, LE ROBOT CHIEN QUI ABOIE VRAIMENT

CONCEPTEUR : ROGER MOORE (UNIVERSITÉ DE SHEFFIELD)

PAYS : GRANDE-BRETAGNE

LANCEMENT : NC

La plupart des robots canins existants émettent des aboiements ou des grognements préenregistrés qui correspondent rarement à l'apparence du robot. Et pour cause, la physionomie d'un animal est un facteur clé pour déterminer le son qui peut sortir de sa gueule. Partant de ce constat, le chercheur Roger Moore de l'université de Sheffield a développé un synthétiseur de vocalisation qui génère des sons biologiquement adaptés pour les mammifères terrestres de toutes tailles. Si vous soumettez à son synthétiseur un chien ayant la taille d'un éléphant, le processeur sonore produira un son réaliste. Pour parvenir à ce résultat, le synthétiseur de Moore modélise les parties essentielles du système vocal d'un mammifère, ce qui inclut les poumons, le larynx et les cordes vocales. Le synthétiseur combine chacune de ces caractéristiques pour créer une onde acoustique appropriée. Pour MiRo, une paire relativement petite de poumons et un court appareil vocal produisent un yap aigu que l'on est en droit d'attendre chez un petit chien.

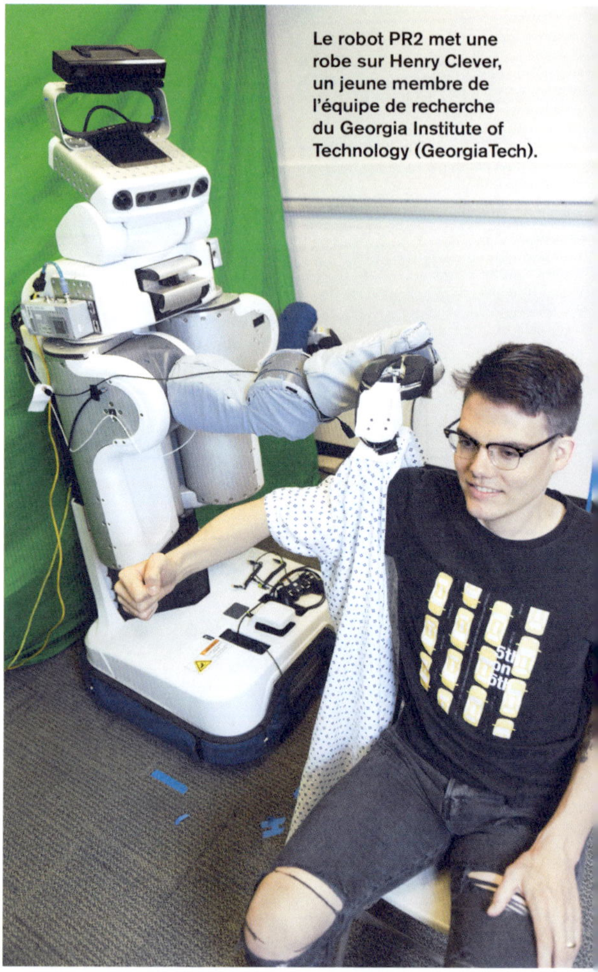

Le robot PR2 met une robe sur Henry Clever, un jeune membre de l'équipe de recherche du Georgia Institute of Technology (GeorgiaTech).

PR2 APPREND À HABILLER LES GENS

CONCEPTEUR : GEORGIA INSTITUTE OF TECHNOLOGY

PAYS : ÉTATS-UNIS

LANCEMENT : NC

De nombreuses personnes âgées ont besoin d'une assistance pour s'habiller, qu'elles soient victimes d'un handicap ou de sénescence. Un robot pourra à terme aider les aides-soignants ou les infirmiers grâce aux chercheurs en robotique du Georgia Institute of Technology, aux États-Unis. PR2 n'utilise même pas de caméra ou de scanner lorsqu'il glisse le tissu sur la personne qu'il aide : ses capteurs lui permettent de ressentir le contour des membres sous le vêtement, de la main aux épaules – et ainsi d'ajuster délicatement son geste. PR2 a appris ce geste seul en une journée seulement, grâce à l'analyse de plus de 11 000 simulations mettant en scène ce même geste.

ROBOHON, LE COMPAGNON DE VOYAGE

CONCEPTEUR : SHARP

PAYS : JAPON

LANCEMENT : 2018

Si vous partez en voyage au Japon, peut-être serez-vous accueilli à l'aéroport Haneda de Tokyo par le mini-robot humanoïde de 20 cm de hauteur RoBoHoN, développé par Sharp. Guide touristique maîtrisant le japonais, le chinois et l'anglais, ce dernier vous guidera pendant votre séjour moyennant une somme modique. Son intelligence artificielle lui permet de répondre à des besoins simples comme le ferait Siri, Google ou Alexa. Muni d'un écran et d'une connexion 4G, RoBoHoN vous permettra de passer des appels, de recevoir des e-mails ou des SMS, de projeter des images sur un mur…

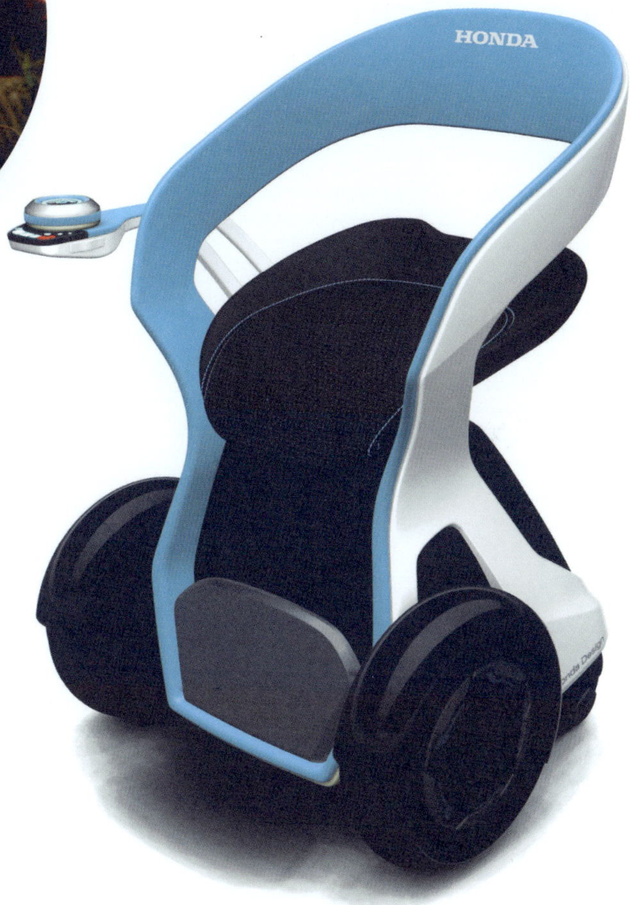

UN COMPAGNON EN FORME DE CHAISE

CONCEPTEUR : HONDA

PAYS : JAPON

LANCEMENT : NC

Un robot compagnon en forme de chaise, il fallait y penser ! Que vous soyez dans un aéroport avec vos bagages ou en centre-ville avec vos courses, 3E-B18 n'a rien d'un fauteuil roulant. Sa vocation première sera de vous guider : « 3E-B18 emmène-moi quai Panhard-et-Levassor ! », mais aussi de porter vos sacs, de grimper sur les trottoirs, de remonter les pentes les plus raides sans effort, de transporter vos enfants, belle-maman… et accessoirement, de vous asseoir.

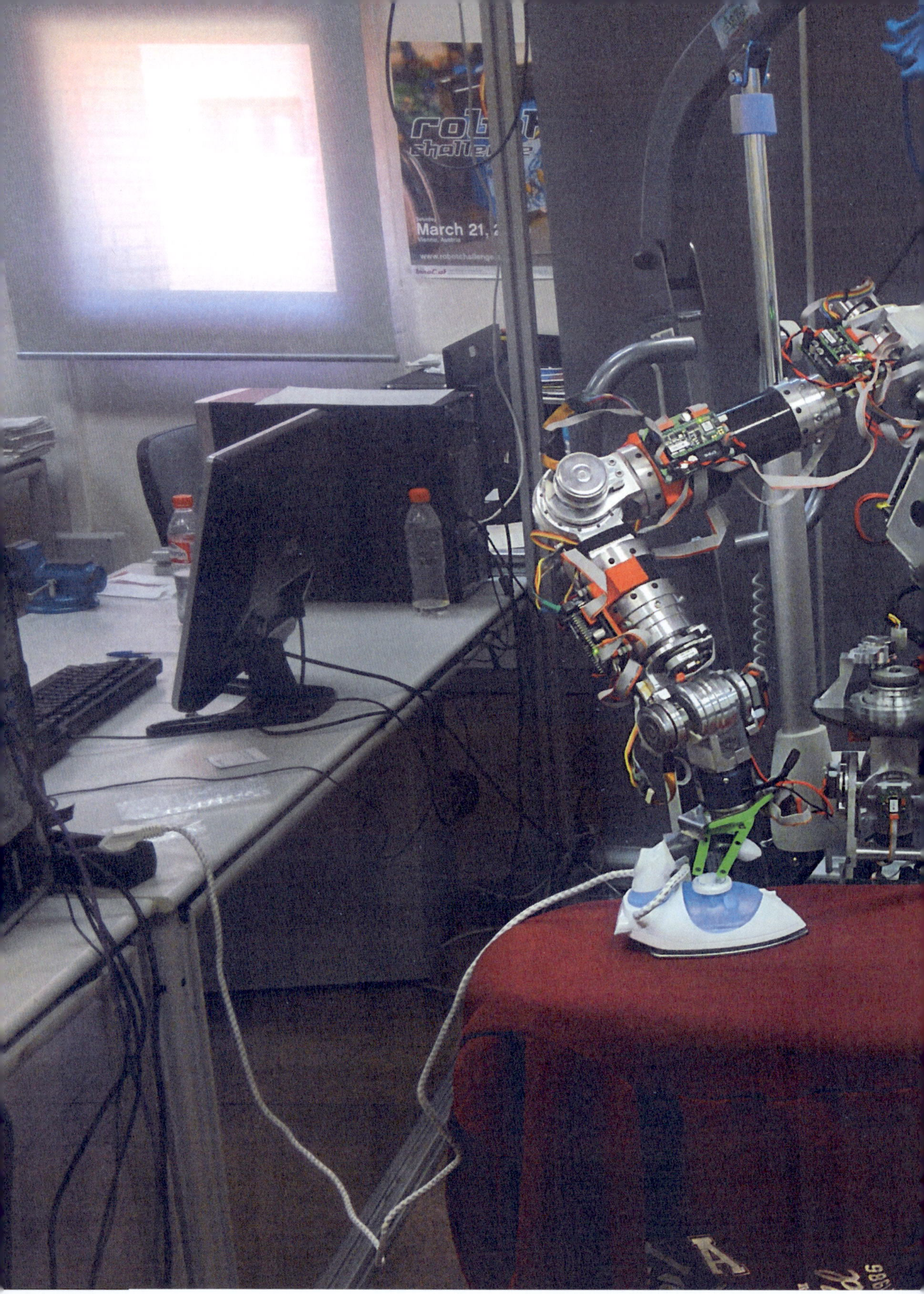
March 21,

TEO, LE ROBOT QUI REPASSE

CONCEPTEURS : D. ESTÉVEZ FERNÀNDEZ, J. VICTORES, R. FERNANDEZ ET C. BALAGUER

PAYS : ESPAGNE

LANCEMENT : 2018

Et si les robots, au lieu de nous voler notre emploi, nous privaient de nos tâches ménagères ? Voilà une prédiction plutôt heureuse ! En tête des tâches les plus ingrates qu'on leur léguerait volontiers, le repassage. Des chercheurs de l'université Carlos III de Madrid, en Espagne, mettent au point depuis 2012 un robot humanoïde baptisé TEO. Avec le gabarit d'un humain (1,80 m et 80 kg), il ne cesse de progresser au fil des ans. Après avoir appris à se déplacer dans une maison, le voici qui s'attaque aux plis de nos vêtements. Trivial ? Certainement pas ! Une caméra 3D haute résolution lui permet de capter les plis et des algorithmes développés pour l'occasion lui font adopter le meilleur mouvement du poignet pour lisser le textile avec le fer…

CHEETAH 3, UN ROBOT QUADRUPÈDE AVEUGLE

CONCEPTEUR : MIT

PAYS : ÉTATS-UNIS

LANCEMENT : 2018

Le robot Cheetah 3 du MIT peut bondir et galoper sur un terrain accidenté, gravir un escalier jonché de débris et retrouver rapidement son équilibre lorsqu'il est tiré ou poussé par surprise… tout en étant aveugle. En effet, la bête de 40 kg – soit approximativement le poids d'un labrador adulte – est conçue pour se passer de caméras ou de capteurs environnementaux externes. Il « sent » le chemin à travers son environnement d'une telle manière que les ingénieurs décrivent comme une « locomotion aveugle ».

Selon les roboticiens du MIT, la vision pour un tel robot peut être une complication plus qu'un avantage, un facteur ralentissant. L'aptitude tactile est le seul moyen de gérer des obstacles inattendus tout en se déplaçant rapidement. À terme, Cheetah 3 sera destiné à effectuer des tâches polyvalentes telles que l'inspection d'une centrale accidentée ou d'un lieu sinistré, ce qui implique diverses conditions de terrain, y compris des escaliers, des bordures et des obstacles inattendus…

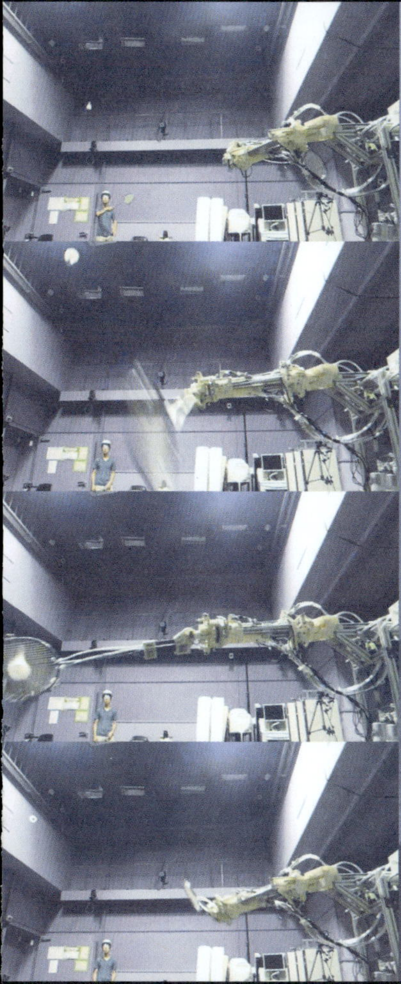

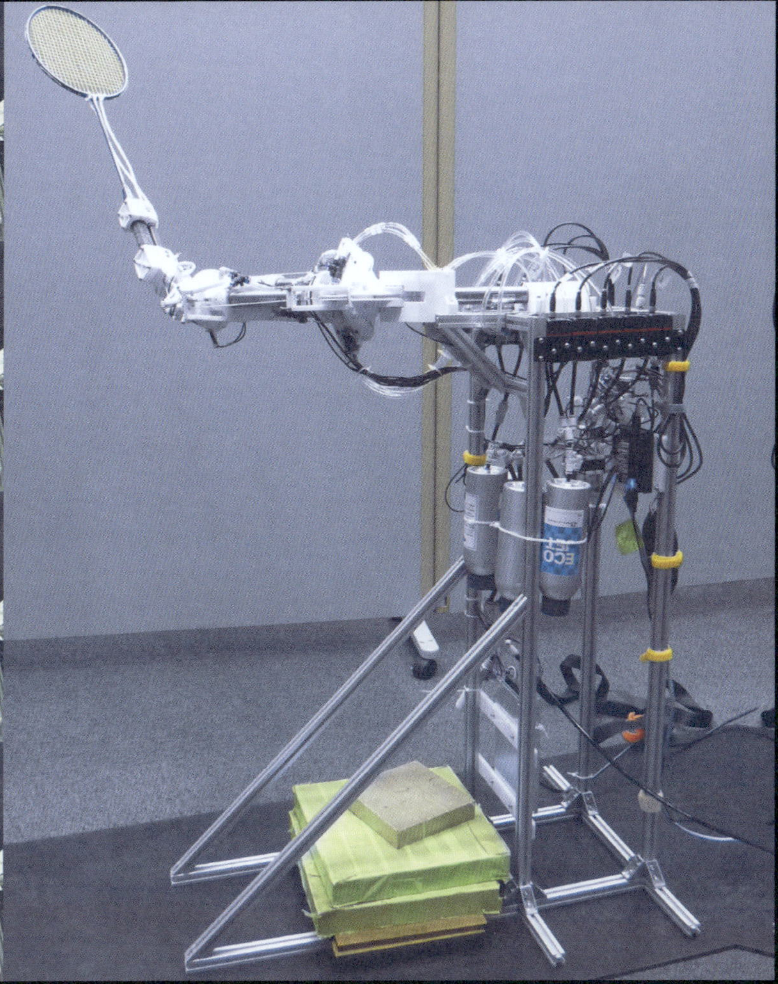

Un robot conçu pour aider les joueurs de badminton à perfectionner leur niveau, atteint un niveau difficilement égalable par des joueurs humains...

LE JOUEUR DE BADMINTON

CONCEPTEURS : SHOTARO MORI ET ISI LABORATORY (UNIVERSITÉ DE TOKYO)

PAYS : JAPON

LANCEMENT : NC

Les joueurs de badminton ont du souci à se faire ! Un robot constitué d'une base fixe et d'un bras robotique tenant une raquette gagne l'échange dans 70 % des cas. Pour ce faire, il utilise une caméra de capture de mouvement et une bande réfléchissante sur le volant (le projectile) pour déterminer où frapper. Ses poignets sont bien plus véloces que ceux d'un humain. Le robot ne pesant que 4 kg, l'équipe japonaise de roboticiens de l'université de Tokyo prévoit d'y ajouter une base mobile afin qu'il puisse naviguer correctement sur le terrain – ce qui lui permettrait d'atteindre un taux de réussite proche des 100 % !

ATASHA, VOTRE HÔTESSE DE L'AIR

CONCEPTEURS :
CHARLES BOMBARDIER ET MARTIN RICO

PAYS : CANADA/ARGENTINE

LANCEMENT : NC

Atasha est un robot hôtesse de l'air (ou « agent de bord ») conçu pour interagir avec les passagers des avions des compagnies *low cost* sur des vols court ou moyen courrier.
Accroché au plafond de la cabine, le robot pourrait facilement atteindre les différents compartiments à bagages, se glisser à travers l'allée centrale, mais surtout utiliser son intelligence artificielle pour répondre aux besoins des passagers et assurer la sécurité du vol. Munie d'un écran OLED intégré conçu pour afficher des émotions simples et communiquer avec des personnes en utilisant une voix apaisante, Atasha resterait toujours polie et amicale. Divers capteurs détecteront un comportement humain particulier et sauront lire l'« humeur » de la situation et adapter les réponses du robot.

Atasha pourra également contrôler les chariots de service à distance. Lorsqu'un passager demandera de la nourriture ou une boisson, le chariot, actionné par un moteur électrique silencieux répondra au signal d'Atasha et se rendra auprès de lui.

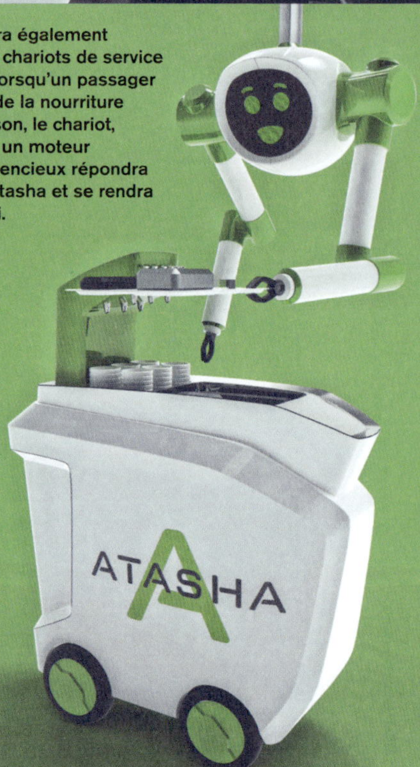

LE BIG BANG DE L'INTELLIGENCE ARTIFICIELLE

CONCEPTEUR : LABORATOIRE D'INTELLIGENCE ARTIFICIELLE DE LA POLICE SCIENTIFIQUE DE LOS ANGELES

PAYS :ÉTATS-UNIS

LANCEMENT : 2018

Intelligence artificielle… Le mot fascine jusqu'au vertige, dans la mesure où il projette sur l'écran du progrès technologique l'image d'une intelligence étrangère à l'homme. Une intelligence dont la mémoire est des milliards de fois supérieure à la nôtre. Une intelligence dont les capacités de calcul sont également des milliards de fois supérieures à celles des meilleurs mathématiciens de la planète.

Portées par la colossale vague numérique qui déferle de toutes parts sur notre monde, préparant la naissance proche de ces mystérieuses machines d'un nouveau type que sont les ordinateurs quantiques, les intelligences artificielles sont aujourd'hui partout, y compris dans les secteurs les plus inattendus de l'action humaine.

Par exemple dans la police. Avec des process qui évoquent furieusement ceux proposés par Steven Spielberg dans *Minority Report*, voilà que nous entrons dans l'ère de la police prédictive. Ainsi, le département de police de Los Angeles fait partie d'un nombre croissant de services de police qui utilisent l'intelligence artificielle et ses algorithmes pour tenter de prévoir les crimes avant qu'ils ne surviennent. Ces outils numériques fournissent aux enquêteurs des nouveaux outils d'une efficacité telle que la criminalité a baissé de 16 % à Los Angeles depuis leur mise en œuvre.

RF-POSE, POUR VOIR À TRAVERS LES MURS

CONCEPTEUR : MIT (LABORATOIRE D'INFORMATIQUE ET D'INTELLIGENCE ARTIFICIELLE)

PAYS : ÉTATS-UNIS

LANCEMENT : 2018

Autre prouesse entièrement inédite (qui, d'ailleurs peut également intéresser la police) : il existe désormais une intelligence artificielle capable de deviner des silhouettes à travers les murs !

La vision aux rayons X – voir à travers les murs – a longtemps été un fantasme de science-fiction. Reste qu'une équipe dirigée par le professeur Dina Katabi du laboratoire d'informatique et d'intelligence artificielle du MIT nous a peu à peu rapprochés de cet objectif.

Leur dernier projet, intitulé « RF-Pose », utilise l'intelligence artificielle pour enseigner aux appareils sans fil à détecter les postures et les mouvements des personnes, même de l'autre côté d'un mur.

Les chercheurs exploitent un réseau de neurones pour analyser les signaux radio qui rebondissent sur le corps des personnes, et peuvent ensuite créer une figure dynamique qui marche, s'arrête, s'assoit et bouge ses membres lorsque la personne effectue ces actions.

AUTOML, L'IA QUI CRÉE DES IA

CONCEPTEUR : LABORATOIRE D'INTELLIGENCE ARTIFICIELLE DE GOOGLE

PAYS : ÉTATS-UNIS

LANCEMENT : 2018

Enfin, le clou de l'intelligence artificielle, c'est lorsqu'elle est capable de se reproduire elle-même. Pour aller encore plus loin et s'améliorer, en dehors de l'intervention humaine. Ainsi, le géant Google vient d'appliquer avec succès sur des intelligences artificielles des modèles d'apprentissage profond (le fameux *deep learning*) qui ont permis à ces intelligences artificielles d'améliorer leurs propres ressources dans le domaine de la reconnaissance vocale. Mais pas seulement : désormais ces intelligences artificielles sont capables de concevoir elles-mêmes des algorithmes que d'autres intelligences artificielles pourront utiliser à leur tour. Ce projet baptisé AutoML est l'un des tout premier projet qui rend possible une telle prouesse.

Voici venu le temps où les machines intelligentes vont prendre en charge leur propre développement.

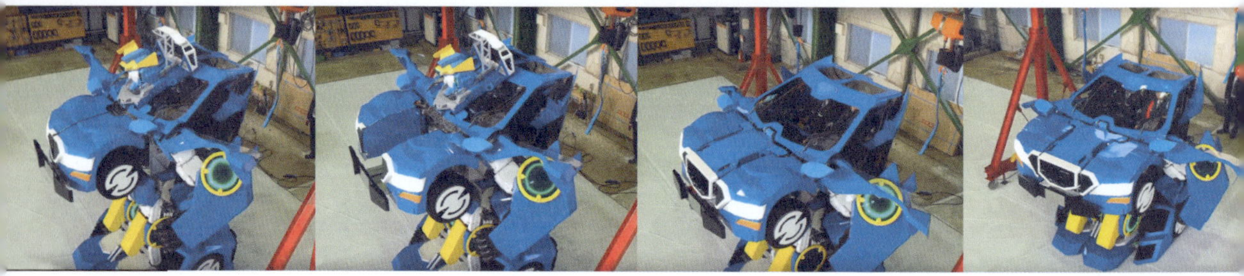

LE TRANSFORMER GÉANT DE BRAVE ROBOTICS

CONCEPTEURS : BRAVE ROBOTICS ET ASTRATEC

PAYS : JAPON

LANCEMENT : 2019

Cette merveille technologique est l'une des plus étonnantes de cet ouvrage : imaginez une voiture qui se transforme en robot géant de 3,5 m et inversement, un robot qui se replie lentement pour former une véritable voiture de 3,8 m de long. Exactement comme le blockbuster hollywoodien *Transformers*. Baptisé J-Deite Ride, le robot continue à être pilotable une fois debout, les passagers peuvent même rester assis pendant la transformation. Tel un superhéros marchant sur la ville, J-Deite Ride traversera les rues à 10 km/h. Le poste de pilotage comporte un volant, un joystick, 3 pédales et un système de commande vocale…

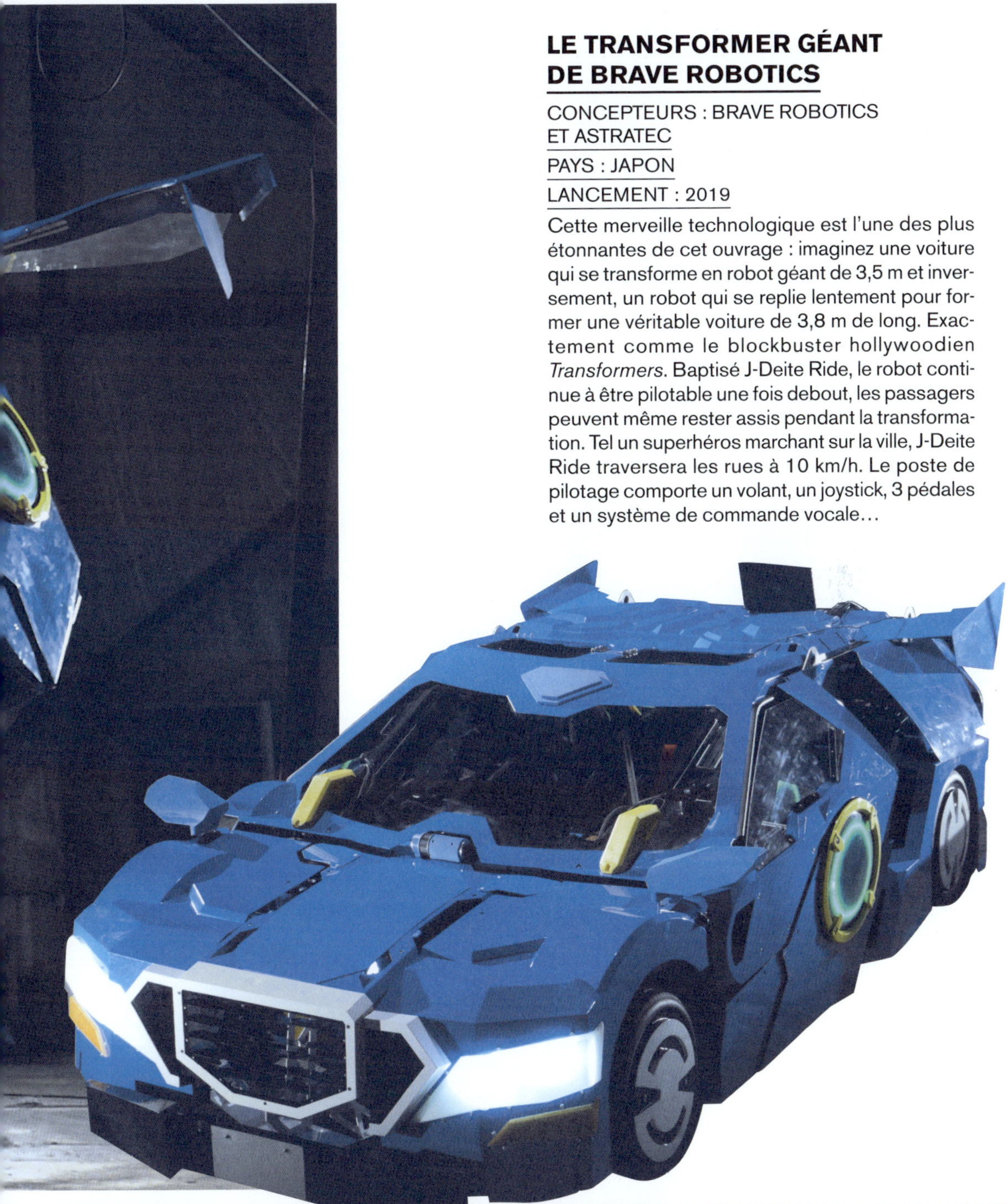

COMMUNICATION

Fondement de la révolution technologique amorcée à la fin des années 1990, qu'il s'agisse d'interfaces holographiques ou de systèmes à conduction osseuse qui vous fait parler à votre main ou écouter votre index, le potentiel disruptif des « télécommunications » n'en finit pas de nous bouleverser...

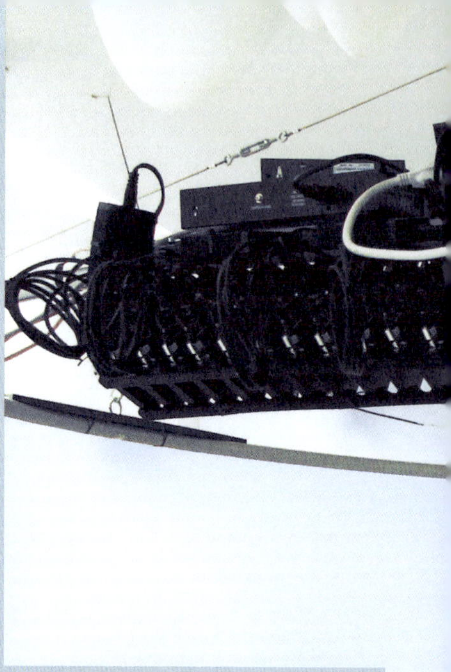

TELEHUMAN 2, LA VIDÉOCONFÉRENCE AVEC DES HOLOGRAMMES

CONCEPTEURS :
D. GOTSCH, X. ZHANG,
T. MERRITT ET R. VERTEGAAL
(QUEEN'S UNIVERSITY)

PAYS : CANADA

LANCEMENT : NC

Des chercheurs de la Queen's University ont mis au point un système de téléconférence en réalité augmentée en 3D baptisé « telehuman 2 ». Bien que le visuel ci-contre ne vous permette pas de véritablement vous rendre compte de la troisième dimension, il vous faut imaginer une personne filmée de pied en cap, en temps réel, et se tenant le plus naturellement du monde devant vous. Bien que l'on parle souvent d'hologrammes, il s'agirait du premier système de vidéoconférence réellement holographique à 360°. En pleine réunion ainsi virtualisée, les participants sont libres de se placer dans le dos de leur interlocuteur pendant que celui-ci parle, comme s'il était dans la pièce. En revanche, si vous bougiez de la sorte, votre interlocuteur ne vous verrait plus !

Pour les nostalgiques de Star Trek, *voici le premier holodeck capable de reproduire une personne à 360° !*

ZANCO TINY Z1, LE PLUS PETIT TÉLÉPHONE DU MONDE

CONCEPTEUR : ZINI MOBILES

PAYS : CHINE

LANCEMENT : 2019

Mignon ! C'est l'adjectif qui nous vient à l'esprit lorsqu'il s'agit du Zanco Tiny Z1. Avec son écran de 0,5 pouces (1,5 cm), son autonomie de 3 jours en veille ou sa hauteur qui approche 5 cm... vous pourrez le glisser absolument partout. Parfait téléphone de secours, il s'utilise en mode haut-parleur, en parlant devant le micro. Les touches sont certes minuscules, mais heureusement, il est possible de saisir son répertoire téléphonique depuis un ordinateur...

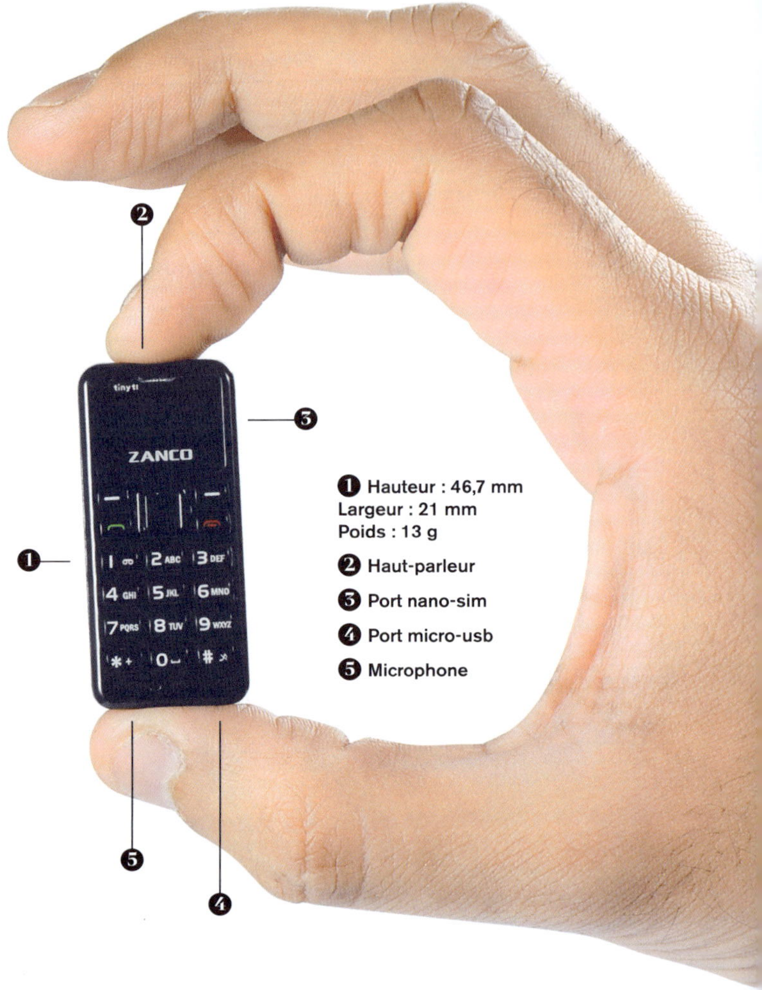

TRANSFORMER UN VIEUX TÉLÉPHONE EN OBJET CONNECTÉ

CONCEPTEUR : FUTUROCKET

PAYS : JAPON

LANCEMENT : 2019

Et si le must du must était de récupérer un téléphone analogique et de le convertir instantanément en objet connecté ? Chaque touche pourrait contrôler une application domotique. Vous pourriez décrocher votre téléphone pour demander le dernier bulletin météo à Siri ou à Alexa. Plus fort encore, vous pourriez y recevoir comme par magie une communication Skype ou Whatsapp. Ce projet original conçu par une start-up japonaise s'appuie sur l'idée qu'il nous reste tous de vieux terminaux analogiques au grenier ou au fond de nos placards, et qu'il serait possible de les recycler d'une façon inventive...

Ce bracelet est né dans le laboratoire de Samsung avant de finalement prendre son indépendance. La start-up coréenne Innomdle Lab à l'origine du projet a déjà levé près de 2 millions d'euros sur les plateformes de financement participatif.

SGNL, POUR TÉLÉPHONER AVEC SON DOIGT

CONCEPTEUR : INNOMDLE LAB

PAYS : CORÉE DU SUD

LANCEMENT : 2019

Sgnl est un bracelet de montre intelligent, doté d'une fonction particulièrement innovante : la transmission du son par conduction osseuse. Il vous est ainsi possible d'entendre de la musique ou votre interlocuteur en plaçant l'index contre l'oreille... Étonnant n'est-ce pas ? Le bracelet – Sgnl ne fournit pas de cadran – est doté d'un module BCU (Body Conduction Unit) qui se sert de la conduction osseuse du poignet jusqu'à l'extrémité de l'index pour transmettre des vibrations sonores tout à fait inaudibles tant que le doigt n'est pas collé sur l'oreille. Le micro est inclus dans le bracelet qui enregistrera également le nombre de pas effectués dans une journée, les calories consommées, la distance parcourue. Demandez à votre poignet, et votre doigt vous répondra !
Mais la limite de ce dispositif est peut-être l'évolution culturelle des usages. Pensez à la toute première fois que vous avez parlé par téléphone dans un bus ou dans la rue... Seriez-vous prêt dès aujourd'hui à vous montrer en public en parlant à votre main ?

Et si vous téléphoniez avec votre doigt, grâce à la conduction osseuse ?

OBJETS CONNECTÉS

Nous sommes de plain-pied dans l'ère de l'internet 2.0, celle des objets connectés. Du lapin Nabaztag dans les années 2000 à aujourd'hui, des centaines de fonctions futuristes bouleversent notre environnement quotidien. Et cela ne fait que commencer !

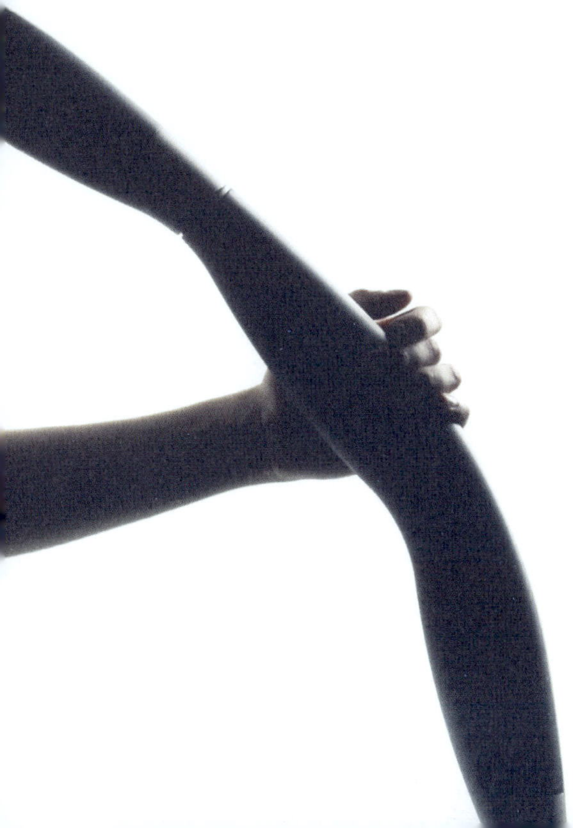

VHOOP, LE HULA-HOOP INTELLIGENT

CONCEPTEUR : VIRFIT CORP

PAYS : CORÉE DU SUD

LANCEMENT : 2018/2019

Fureur des années 1960, le hula-hoop a diverti les enfants dans les cours de récréation et les parents qui souhaitaient faire de l'exercice à la maison pendant de nombreuses années. Une start-up a eu l'idée brillante de transformer l'un des plus anciens accessoires de fitness en objet connecté.

Voici le cerceau VHOOP. Il mesure 1 m de diamètre et pèse 1,6 kg. Il se décomposera en 8 pièces démontables qu'il vous sera possible de mettre dans un sac pour le transport. Bien évidemment, il se connecte par Bluetooth à votre smartphone afin de voir en temps réel votre consommation énergétique et d'ajuster la durée de votre entraînement. Plus amusant encore, l'application VHOOP vous motive en vous indiquant quand changer de sens horaire, vous aide à faire des figures et surtout vous connecte avec vos amis où qu'ils soient dans le monde pour vous lancer des défis de fitness.

PUPSCAN, POUR TOUT NUMÉRISER D'UN GESTE

CONCEPTEUR : 7NEXT

PAYS : FRANCE

LANCEMENT : 2018/2019

On nous a longtemps expliqué que nous entrions dans une époque du « tout numérique », que le papier serait bientôt un support désuet. Il n'en est rien, le papier cohabite avec le numérique et change ainsi nos habitudes et notre façon d'organiser notre documentation au bureau ou à la maison. Ainsi, lorsque nous souhaitons conserver un document écrit, certains ont désormais le réflexe de le photographier avec un smartphone. L'opération est peu aisée à cause du cadrage, de la lumière ambiante. Et une fois la photo prise, que faire du fichier ? La start-up 7Next a imaginé un stick qui projette un faisceau lumineux pour cadrer le document que vous souhaitez numériser. Puis l'appareil le transmet dans le cloud de votre choix ou sur votre application de prise de note préférée. Que demander de plus ?

Cette lampe vous connecte à internet sans ondes radio… à la vitesse de la lumière !

MYLIFI, LA LAMPE QUI DIFFUSE INTERNET SANS FIL

CONCEPTEUR : OLEDCOMM

PAYS : FRANCE

LANCEMENT : 2018/2019

MyLiFi est l'une des premières lampes à utiliser la technologie Light Fidelity « LiFi ». Grâce à ce procédé innovant, la lampe LED transfère des données informatiques par les ondes lumineuses sans que cela soit visible à l'œil nu. Un petit récepteur (le dongle) permettra à votre ordinateur de capter et d'interpréter ces signaux lumineux. La vitesse de la connexion est ainsi de 23 Mb/s sans utiliser la moindre onde radio ! Les personnes électrosensibles qui subissent des effets secondaires par les WiFi seront certainement soulagées. Cet éclairage au design futuriste est aussi fourni avec une application Web pour créer un réseau lumineux en reliant plusieurs lampes entre elles…

Comme pour une ampoule connectée, il est possible de changer à distance l'intensité et l'ambiance de la lumière diffusée par la lampe MyLiFi.

LEKA, LE JOUET D'ÉVEIL 2.0

CONCEPTEUR : LEKA

PAYS : FRANCE

LANCEMENT : 2018

La start-up française Leka a imaginé un jouet qui offre une gamme complète de stimulations sensorielles et qui soit capable de susciter la curiosité, d'encourager l'interaction sociale avec l'entourage de l'enfant. Les plus jeunes y trouveront tous une source d'amusement, mais Leka est avant tout un outil pédagogique destiné aux enfants qui ont des handicaps de développement tels que l'autisme par exemple. Le but est de leur apprendre à se connecter progressivement avec le monde réel. Un large choix d'applications évolutives permet ainsi de travailler sur la communication, l'autonomie, la motricité, les compétences sociales, etc.

MOTIV, LA BAGUE CONNECTÉE

CONCEPTEURS : CURT VON BADINSKI, PETER TWISS, MIKE STRASSER ET ERIC STRASSER

PAYS : ÉTATS-UNIS

LANCEMENT : 2018

Voici l'un des « trakers d'activité » les plus petits et légers à porter : une bague. Elle pourrait séduire avec facilité les sportifs qui refusent de s'encombrer d'une montre connectée. Grâce à elle, il vous sera possible, entre autres amusements, de mesurer le nombre de pas que vous avez parcourus dans la journée, la durée de votre sommeil ou encore votre rythme cardiaque. Conçu en titane, Motiv est parfaitement étanche et se recharge à l'aide d'un support magnétique.

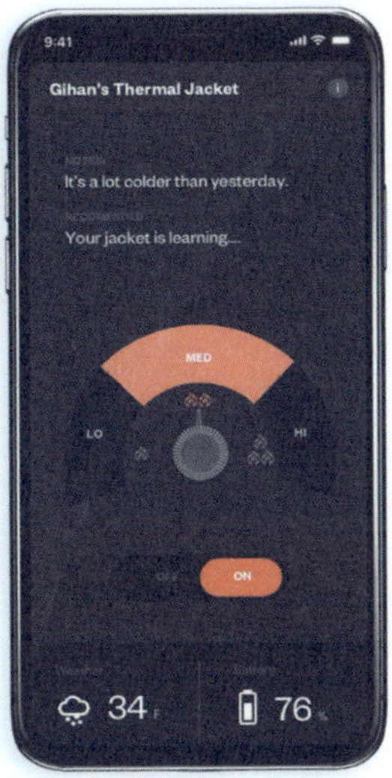

Comme pour tout objet connecté, une application dédiée fait fonctionner la veste : les utilisateurs saisissent leurs préférences, donnant à l'intelligence artificielle embarquée le pouvoir de prédire ce qui conviendra le mieux à chacun selon la météo. Il vous sera également possible de demander à Siri ou Alexa de penser à préchauffer votre veste avant que vous ne partiez en rendez-vous.

LA VESTE INTELLIGENTE MERCURY CRÉE UN MICROCLIMAT

CONCEPTEUR : MINISTRY OF SUPPLY

PAYS : ÉTATS-UNIS

LANCEMENT : 2019

Conçue par trois étudiants du célèbre MIT aux États-Unis, Mercury est une veste intelligente auto-chauffante qui répond aux changements de température. Pour fonctionner, cette veste crée un microclimat. Au cœur du vêtement se trouvent des éléments en fibre de carbone qui réchauffent la doublure grâce à un processus appelé l'« effet joule » : en circulant dans la fibre qui est conductrice, le courant la chauffe jusqu'à 57°C en ne consommant que 10 W de puissance.

L'HUMAIN AUGMENTÉ

Vous pouvez enfin vous surpasser physiquement, courir à la vitesse d'une voiture ou porter une charge de 100 kg comme si elle n'en pesait que 10... Devenir un superhéros n'est plus une promesse futuriste mais une réalité accessible immédiatement !

DES CHAUSSURES BIONIQUES

CONCEPTEUR : KEAHI SEYMOUR

PAYS : ÉTATS-UNIS

LANCEMENT : 2019

Les chaussures BionicBoot vous permettent de courir sans effort à 40 km/h. Le prototype développé par Keahi Seymour, un inventeur de San Francisco, imite le tendon d'Achille des autruches et des kangourous. Fasciné depuis toujours par l'agilité et la vitesse de ces animaux, Keahi est parvenu à reproduire leur physiologie après une dizaine d'années d'efforts, 200 prototypes... et heureusement, aucun accident grave.

Le secret des BionicBoot est de permettre aux humains plantigrades de modifier artificiellement leur marche en s'appuyant plutôt sur leurs orteils, comme le font les animaux les plus rapides. En s'élevant sur le bout du pied, les bottes allongent le pas, ce qui augmente la vitesse sans plus d'efforts !

Le but ultime de Keahi Seymour : courir dans la savane africaine parmi les guépards, les animaux les plus rapides de la planète... et dépasser les 120 km/h.

Pour y parvenir, les bottes bioniques deviendraient alors un exosquelette complet incluant une combinaison de protection et un tableau de bord avec affichage de la vitesse, de la distance, de la puissance délivrée... comme une voiture !

Ces chaussures bioniques vous permettent de courir aussi vite qu'une voiture.

Selon l'inventeur des BionicBoot, le transport écologique terrestre du futur ressemblerait à un exosquelette bionique qui n'aura besoin d'aucune énergie externe et d'aucun moteur.

Voici le premier exosquelette pour pratiquer le ski facilement… et sans risques !

L'EXOSQUELETTE POUR SKIER

CONCEPTEUR : ROAM ROBOTICS

PAYS : ÉTATS-UNIS

LANCEMENT : 2018/2019

Cet incroyable exosquelette vous permettra de prolonger votre journée de glisse, d'accéder à des terrains difficiles, de négocier avec facilité les virages les plus raides – mais surtout, de pratiquer aisément le ski sans risque de vous blesser au genou. En accompagnant votre déplacement, l'exosquelette diminue fortement le poids exercé sur vos jambes et rend vos mouvements techniquement parfaits. Le matériel est contrôlé par un logiciel qui utilise l'apprentissage automatique pour reconnaître les comportements du skieur en temps réel : en somme, plus vous le porterez, mieux vous skierez !

L'exosquelette est composé de deux armatures en plastique attachées aux cuisses et reliées aux chaussures. Le skieur porte également un petit sac à dos contenant la batterie et les commandes électroniques de l'appareil. Étant essentiellement composé de plastique et de tissus, le poids de l'ensemble est inférieur à 3 kg.

❶ Batterie dorsale.

❷ Rotation motorisée fonctionnant par compression de l'air.

❸ Reconnaissance instantanée et automatisée des intentions du skieur à l'aide de capteurs de mouvements.

GUARDIAN XO, POUR DEVENIR UN SUPERHÉROS

CONCEPTEUR : SARCOS CORP.

PAYS : ÉTATS-UNIS

LANCEMENT : 2018

Sarcos Corp., inventeur de cet équipement impressionnant, avait déjà présenté en 2010 le premier survêtement exosquelette industriel au monde conçu en partenariat avec le département de recherche de l'armée américaine (DARPA). Consacrée à l'époque comme l'une des plus grandes innovations de l'année, la combinaison a continué d'évoluer et de se perfectionner. En 2018, le modèle Guardian XO vous permet de soulever à bout de bras, confortablement et en toute sécurité 90 kg… ce, à plusieurs reprises et sans effort, fatigue ou blessure ! Réservé pour l'instant à des activités industrielles, un jour prochain viendra où vous irez au magasin de bricolage pour louer ou acheter l'exosquelette qui vous permettra de construire une maison ou de couper un arbre comme si vous jouiez au Lego.

GUARDIAN GT, POUR CONTRÔLER UN ROBOT AVATAR SURPUISSANT

CONCEPTEUR : SARCOS CORP.

PAYS : ÉTATS-UNIS

LANCEMENT : 2018

Le robot Guardian GT est un système robotique multiplicateur de force commandé par un être humain, constitué d'un ou de deux bras qui permettent à un seul être humain de devenir un « super ouvrier » et ce, en toute sécurité. Qu'il s'agisse de construction ou de manutention de matières dangereuses, le robot vous donnera l'impression de porter 227 kg dans chaque main comme s'il s'agissait d'un livre. Le casque virtuel et l'exosquelette vous offrent la même liberté de mouvement et la même adresse que si vous portiez de simples gants. Les bras du robot se déplacent exactement comme les bras de l'opérateur…

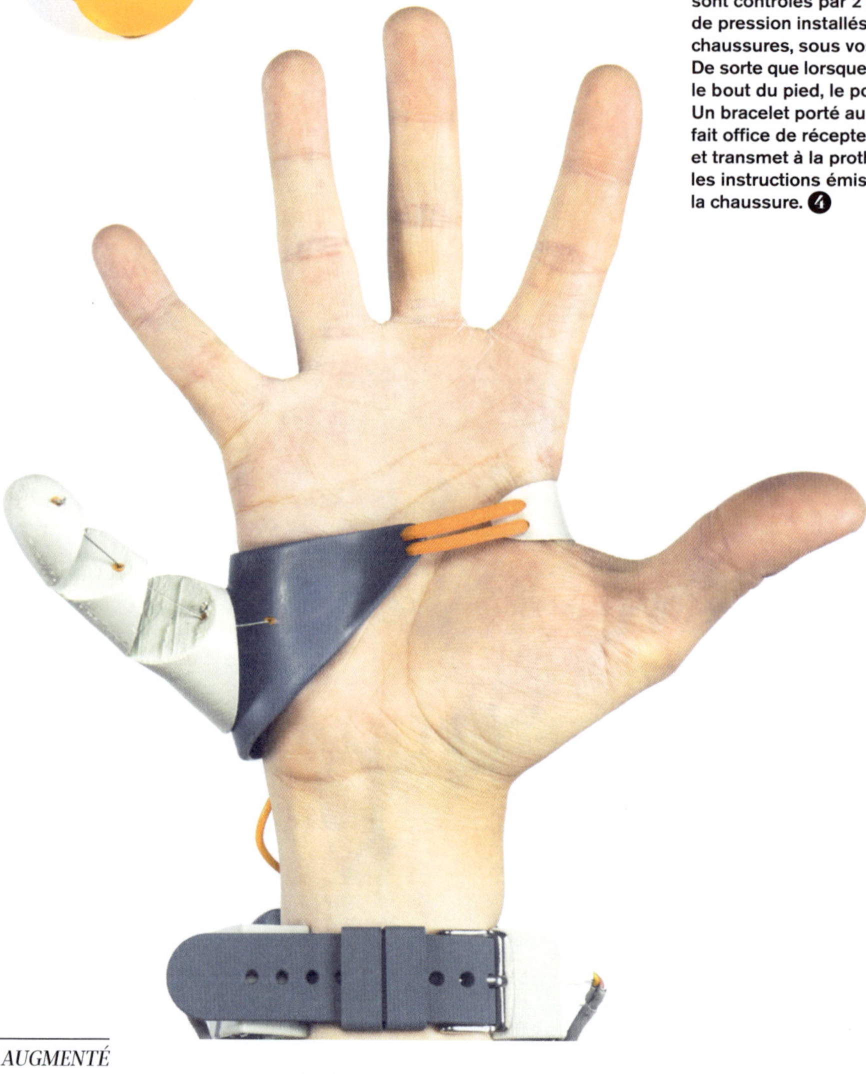

Le troisième pouce ❶ reproduit le mouvement de nos vrais pouces en utilisant 2 moteurs imitant la tension naturelle. Les moteurs sont contrôlés par 2 capteurs de pression installés dans vos chaussures, sous vos orteils ❷. De sorte que lorsque vous pressez le bout du pied, le pouce se replie. Un bracelet porté au poignet ❸ fait office de récepteur radio et transmet à la prothèse les instructions émises depuis la chaussure. ❹

UN TROISIÈME POUCE !

CONCEPTEUR : DANI CLODE

PAYS : NOUVELLE-ZÉLANDE

LANCEMENT : 2019

Le troisième pouce est une extension de pouce pour votre main… contrôlée par vos pieds ! C'est un outil partiel, une expérience à mener pour mieux comprendre ce qu'est véritablement un humain augmenté. Composé de trois parties principales imprimées en 3D, c'est une « charnière vivante » sans mécanismes d'emboîtement, le mouvement venant de la conception et de la forme du matériel. De tout nouveaux usages s'improviseront lorsqu'il s'agira de ramasser une balle, de casser un œuf ou de tenir un jeu de cartes…

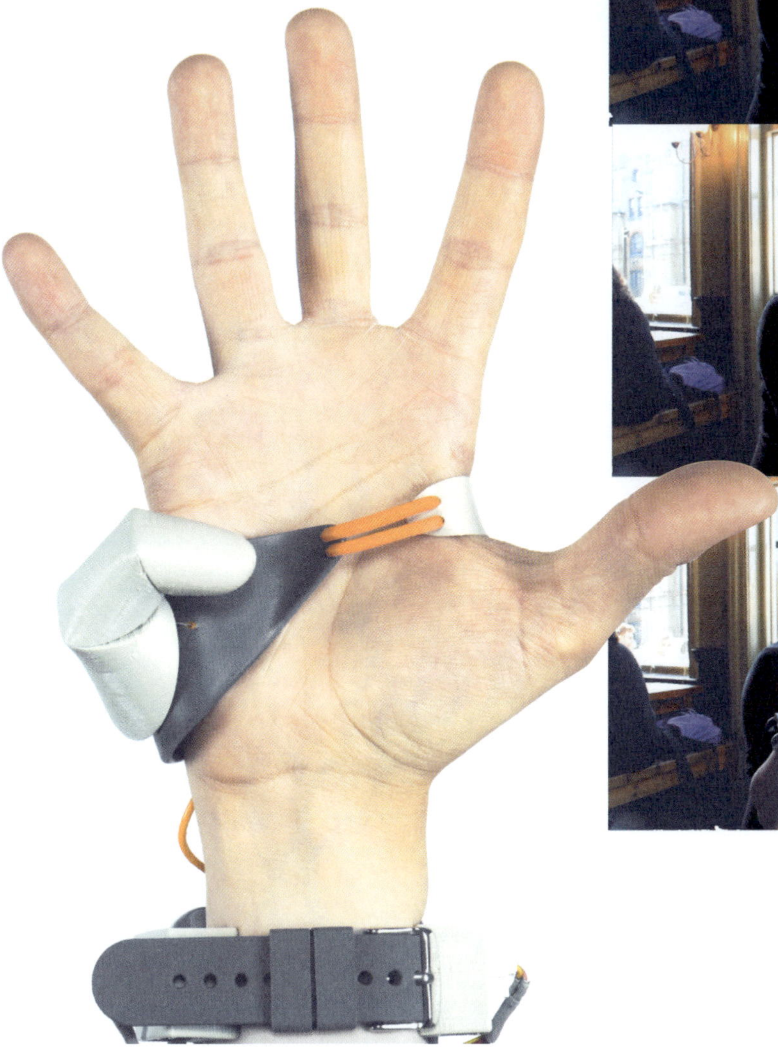

SANTÉ

Les accessoires pour compenser certains handicaps deviennent bioniques et les médecins peuvent adapter les médicaments en temps réel pour mieux nous soigner... bienvenue à la médecine du XXIe siècle !

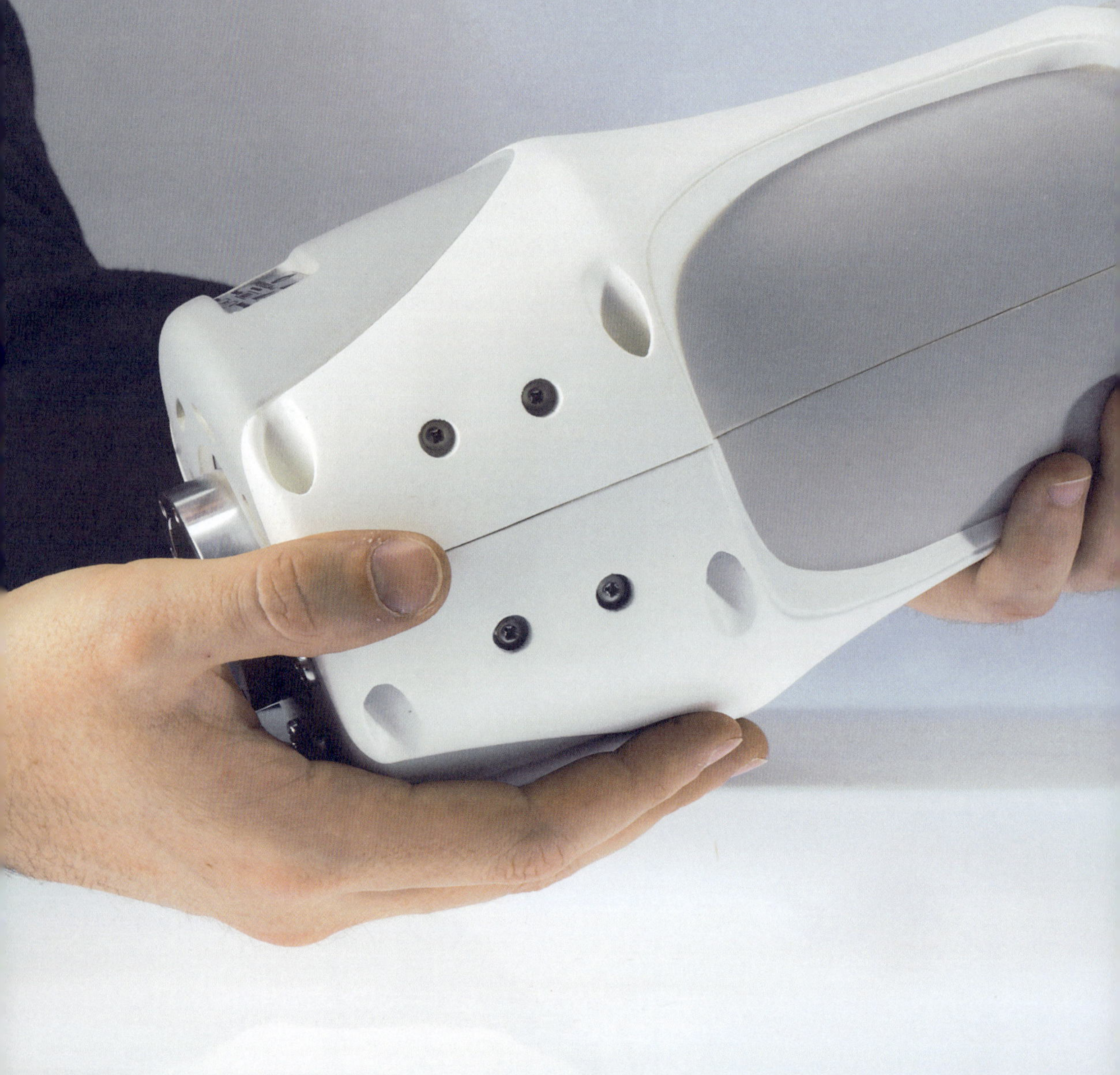

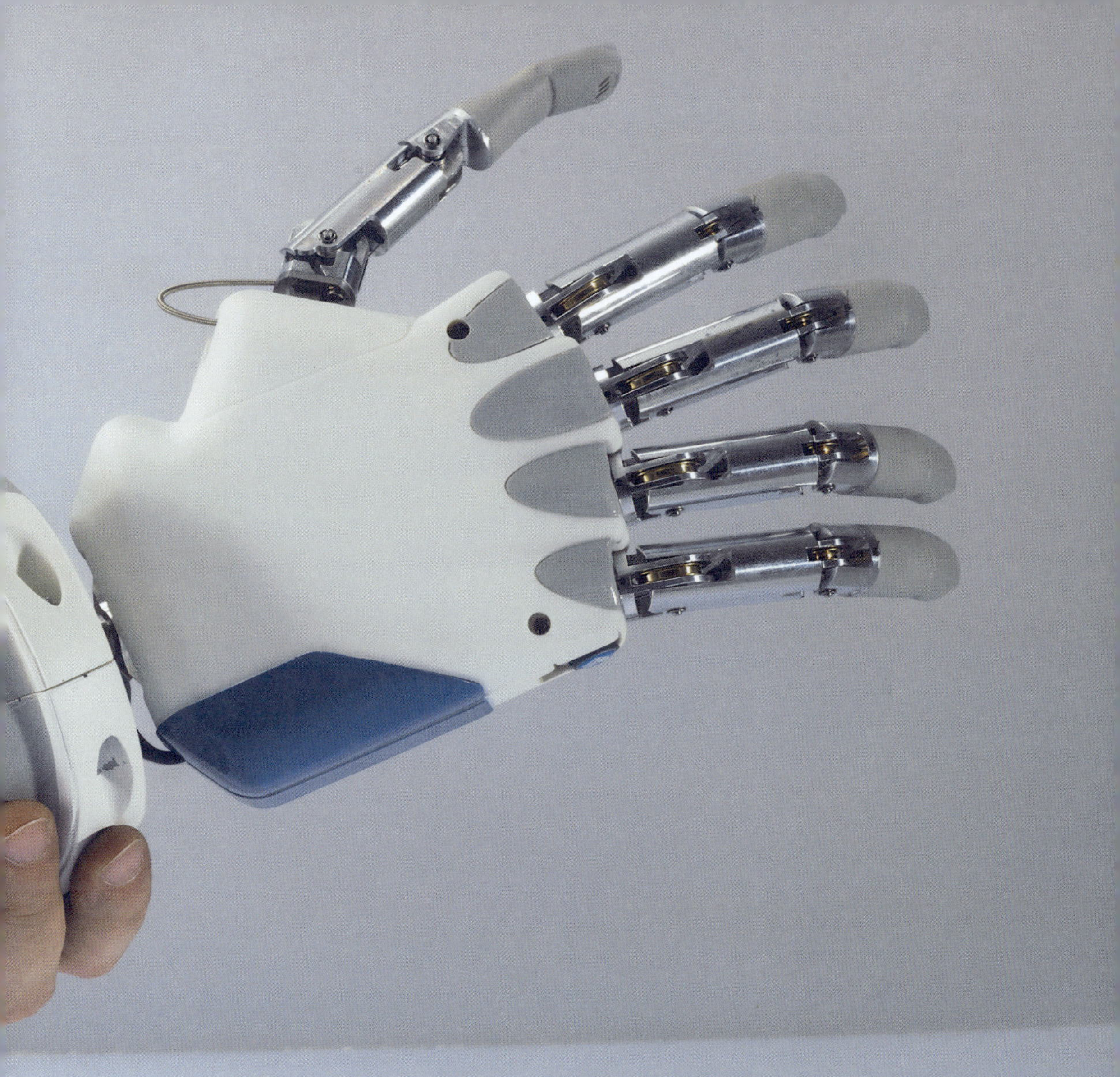

LA PROTHÈSE SENSORIELLE

CONCEPTEUR :
THE BIOROBOTICS INSTITUTE

PAYS : ITALIE

LANCEMENT : 2018

Cette main bionique pourrait restaurer le sens du toucher chez des personnes handicapées privées de ce membre suite à un accident. Cette prothèse ne nécessite aucune opération chirurgicale ; un ordinateur traduit les informations provenant des doigts artificiels dans une langue que le cerveau perçoit grâce à des électrodes (signaux électriques neuronaux). Bien que la main bionique soit encore un prototype, nous sommes un peu plus près du jour où une prothèse sensorielle entièrement naturelle sera disponible…

Une femme qui avait perdu son bras vingt ans auparavant a reçu la première prothèse de main bionique. Grâce à une série de minuscules électrodes et des capteurs sophistiqués, celle-ci a pu lui redonner le sens du toucher.

VERSIUS, LE PLUS PETIT ROBOT CHIRURGICAL DU MONDE

CONCEPTEUR : CMR SURGICAL

PAYS : GRANDE-BRETAGNE

LANCEMENT : 2018

Versius aidera les chirurgiens et les patients du monde entier à exploiter pleinement le potentiel de la chirurgie assistée par des machines.
Le robot est constitué de trois bras robotiques reliés à une unité mobile de la taille d'une petite table. Un chirurgien commande le robot à partir d'un panneau de contrôle, guidant les bras alors qu'ils effectuent des opérations « en trou de serrure », des chirurgies pratiquées par de minuscules incisions dans le corps, beaucoup moins invasives que les chirurgies ouvertes nécessitant des incisions beaucoup plus grandes. De plus, les petites incisions diminuent drastiquement les taux d'infection et les douleurs postopératoires. Mais elles obligent habituellement les chirurgiens à se contorsionner pour placer leurs instruments dans le bon angle, au bon endroit, et effectuer les gestes parfaits. Dès lors, les bras robotisés prennent facilement la relève du chirurgien qui contrôlera l'ensemble depuis sa console.

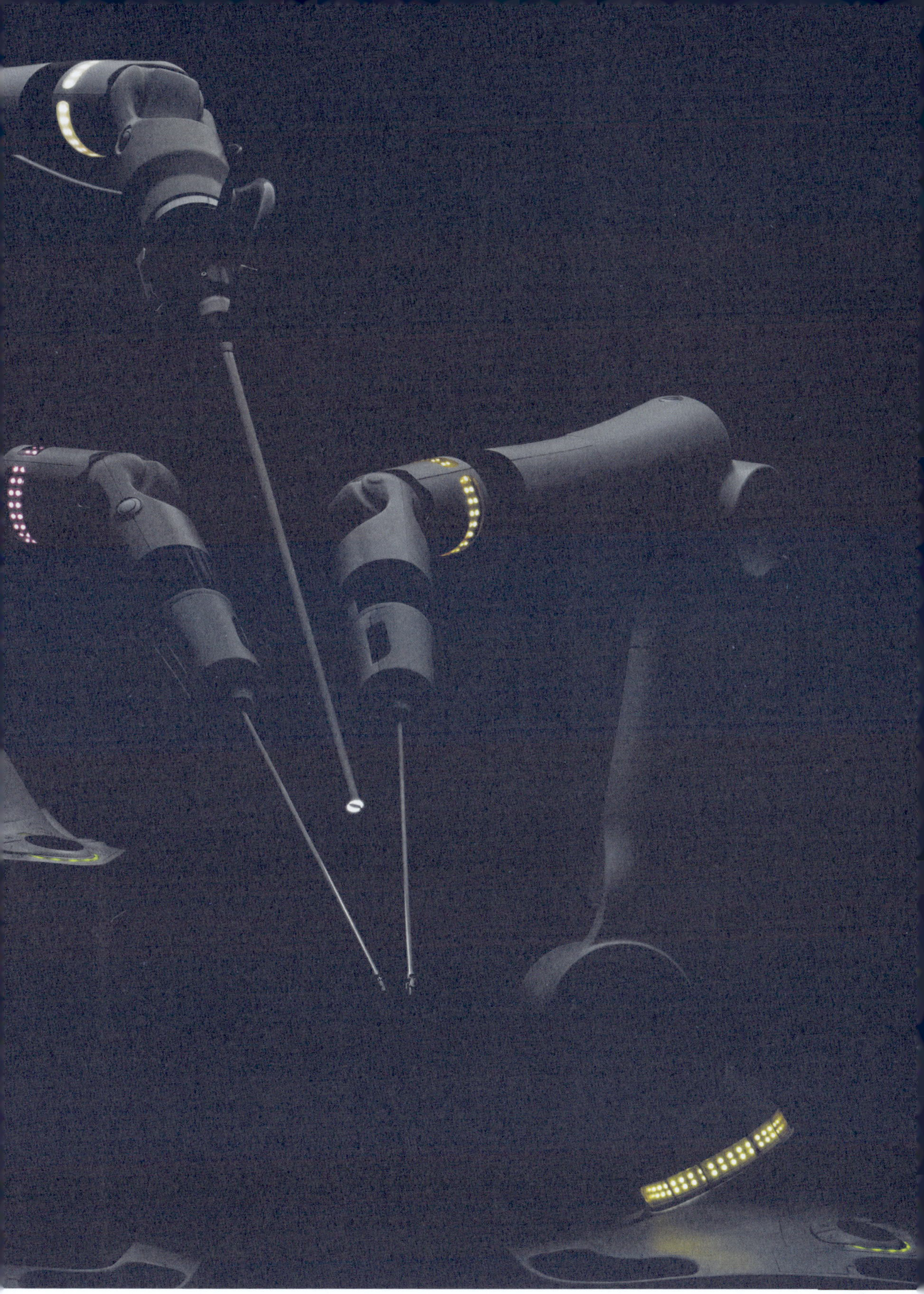

LES PILULES INTELLIGENTES

CONCEPTEURS :
MIT LAB ET BRIGHAM AND WOMEN'S HOSPITAL

PAYS : ÉTATS-UNIS

LANCEMENT : NC

Des chercheurs du MIT, en collaboration avec des scientifiques de Brigham and Women's Hospital, ont développé une nouvelle façon d'alimenter et de communiquer avec des appareils implantés profondément dans le corps humain. De tels dispositifs pourraient être utilisés pour administrer des médicaments, surveiller les conditions physiologiques à l'intérieur du corps ou traiter certaines maladies en stimulant nos organes avec de l'électricité ou de la lumière.

RHEO KNEE, LE GENOU BIONIQUE

CONCEPTEUR : ÖSSUR

PAYS : ISLANDE

LANCEMENT : 2018

RHEO KNEE est un genou commandé par microprocesseur offrant un équilibre parfait entre stabilité et dynamique. Sa technologie lui permet de s'adapter en permanence et en temps réel à l'utilisateur et à l'environnement, pour une démarche exceptionnellement naturelle sans effort, même sur un terrain difficile…

UNE PEAU ÉLECTRONIQUE ULTRAMINCE AFFICHE VOS SIGNES VITAUX

CONCEPTEUR : PR TAKAO SOMEYA

PAYS : JAPON

LANCEMENT : 2021

Un système de derme électronique permet la surveillance de votre santé au quotidien et en temps réel. Ce procédé associe un écran flexible et déformable avec un capteur composé d'une électrode nanomesh laissant respirer la peau, ainsi qu'un module de communication sans fil. Les données médicales mesurées par le capteur, par exemple un électrocardiogramme, sont envoyées sans fil à un smartphone pour être ensuite visualisées ou stockées dans un cloud. Les données biométriques sont ainsi traitées par une intelligence artificielle qui détectera une éventuelle anomalie. Cette « seconde peau » promettrait aux patients d'améliorer suivi médical et autodiagnostic au quotidien. Plus particulièrement les personnes âgées qui bénéficieraient d'une surveillance continue de leur santé non invasive.

Grâce aux progrès de la technologie des semi-conducteurs, des dispositifs transparents et étirables peuvent surveiller notre santé en mesurant nos signes vitaux en temps réel. Pour le patient, l'image d'un pouce levé sert d'indicateur de bonne santé et permet de le rassurer. L'écran étant fabriqué à partir de matériaux minces et mous, il peut être déformé librement jusqu'à 45 % de son format d'origine.

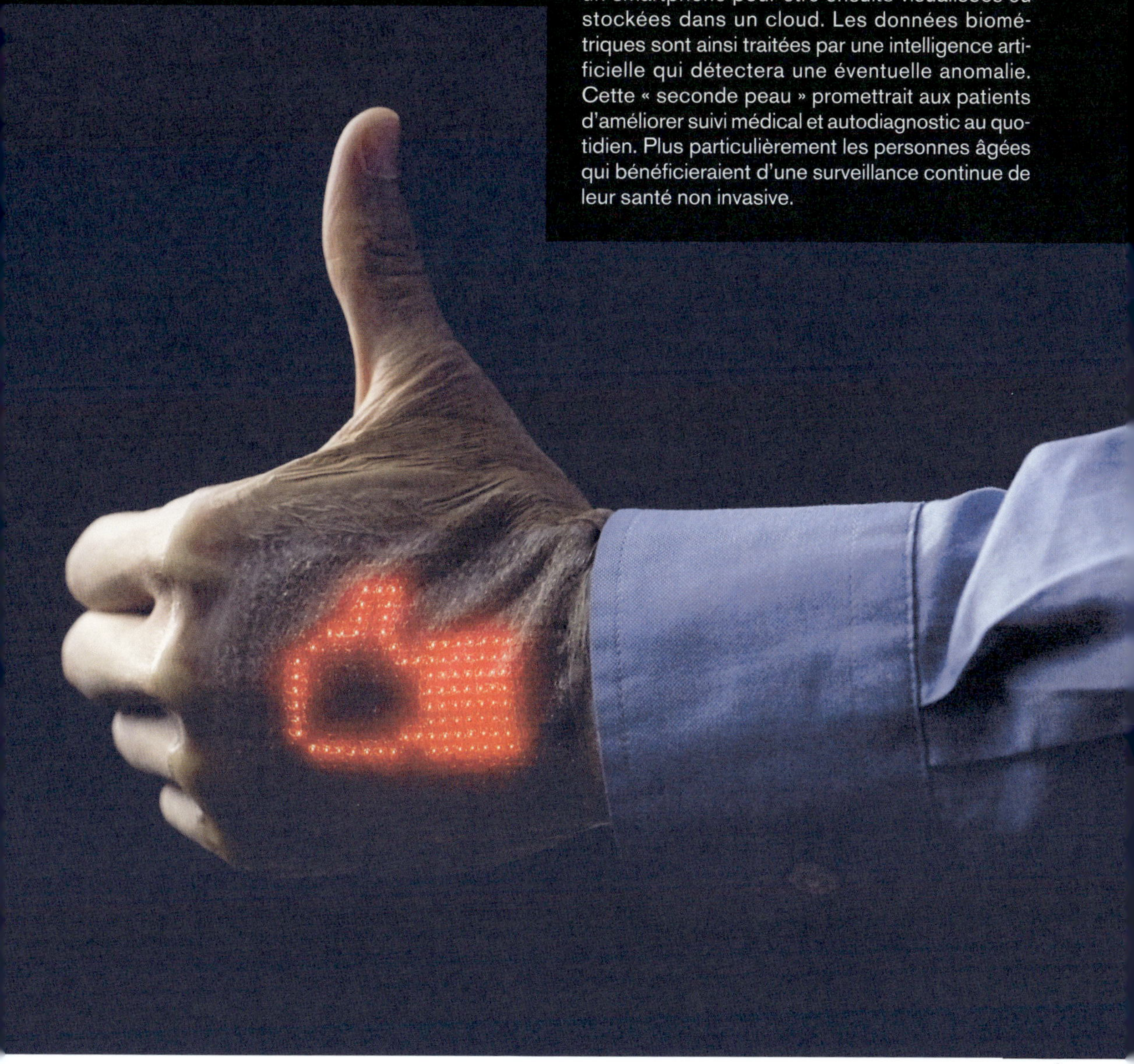

LABORATOIRES

Les laboratoires d'aujourd'hui évoquent de fantastiques chaudrons alchimiques d'où jaillissent des nouveautés à couper le souffle : des humanoïdes en hydrogel, des robots qui soulèvent 1 000 fois leur poids... Voici de quoi nous préparer au choc du futur...

ARCONIC, LA RÉVOLUTION DES MURS ET FENÊTRES

CONCEPTEUR : ARCONIC

PAYS : ÉTATS-UNIS

LANCEMENT : NC

Pourrait-il exister très bientôt un matériau de construction à la fois écologique et autonettoyant ? Arconic apporte une réponse époustouflante avec Ecoclean. Ce nouveau matériau réagit à la lumière et à la vapeur d'eau, ce qui produit des atomes connus sous le nom de radicaux libres. Or, la bonne nouvelle est que ces radicaux libres détruisent les polluants de l'air et les décomposent, de sorte que les plaques de poussière se détachent du bâtiment qui redevient bientôt flambant neuf...

Dans le secret de leurs laboratoires, les visionnaires d'Arconic pensent déjà à 2050… Pour construire à l'aide des nouveaux matériaux de fabuleuses tours géantes dont le sommet se perdra dans les hauteurs béantes, à plus de 5000 m de hauteur. Les monades urbaines de la science-fiction sont en train de naître…

LES SUPER ROBOTS MOUS

CONCEPTEURS : INSTITUT WYSS (UNIVERSITÉ DE HARVARD) ET MIT

PAYS : ÉTATS-UNIS

LANCEMENT : NC

Inouï ! Les chercheurs de l'Institut Wyss de l'université de Harvard et du laboratoire d'informatique et d'intelligence artificielle du MIT viennent de créer des muscles artificiels inspirés de l'origami qui donnent une force phénoménale aux robots mous, leur permettant de soulever jusqu'à 1 000 fois leur poids.

Ce muscle artificiel consiste en un « squelette » interne fait de divers matériaux, par exemple une bobine métallique entourée d'air ou de liquide et scellée à l'intérieur d'un sac en plastique représentant la « peau ». Un vide créé à l'intérieur du sac provoque l'effondrement de la peau sur le squelette, engendrant une tension qui entraîne le mouvement. Incroyablement, aucune autre source d'énergie n'est nécessaire pour diriger le mouvement du muscle. Résultat, un muscle de 2,6 g peut soulever un objet de 3 kg, ce qui équivaut à un canard soulevant une voiture.

Demain, des éléphants artificiels seront capables de soulever des immeubles entiers comme des fétus de paille…

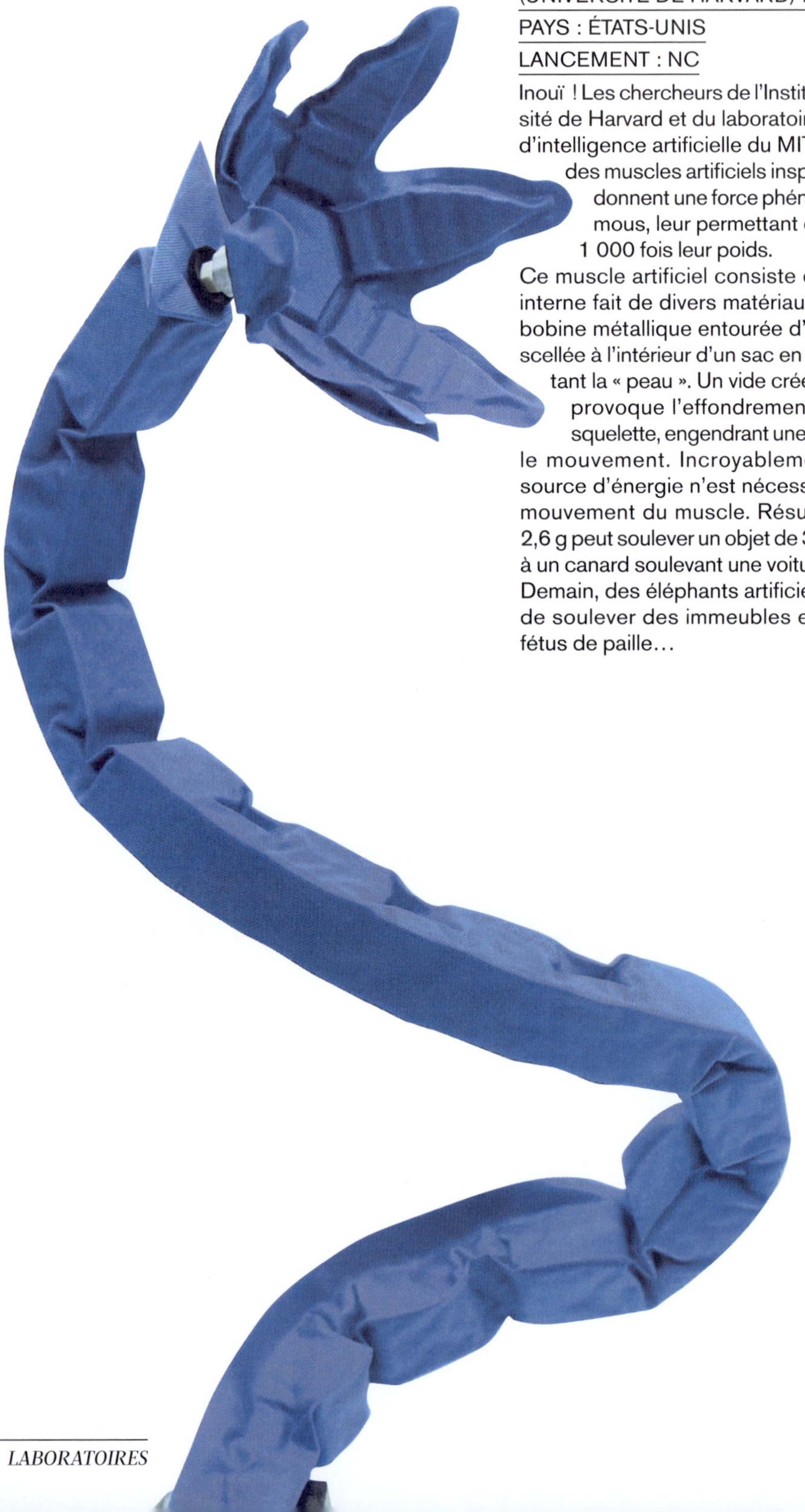

Une pince artificielle tout juste cinq fois plus grosse que celle-ci pourra soulever sans le moindre problème un bateau de 5 000 t. Ou encore, déplacer votre maison tout entière en quelques minutes !

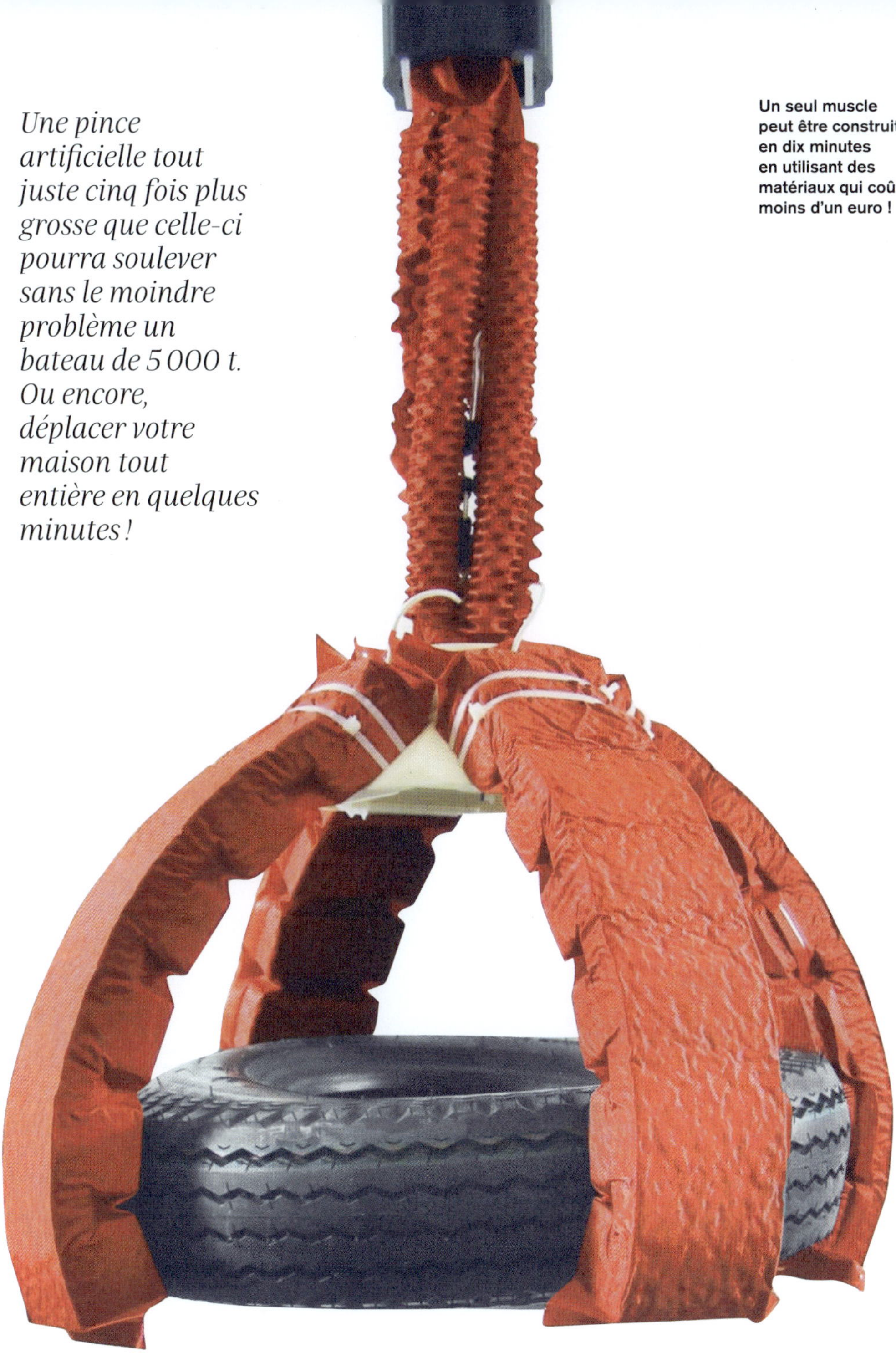

Un seul muscle peut être construit en dix minutes en utilisant des matériaux qui coûtent moins d'un euro !

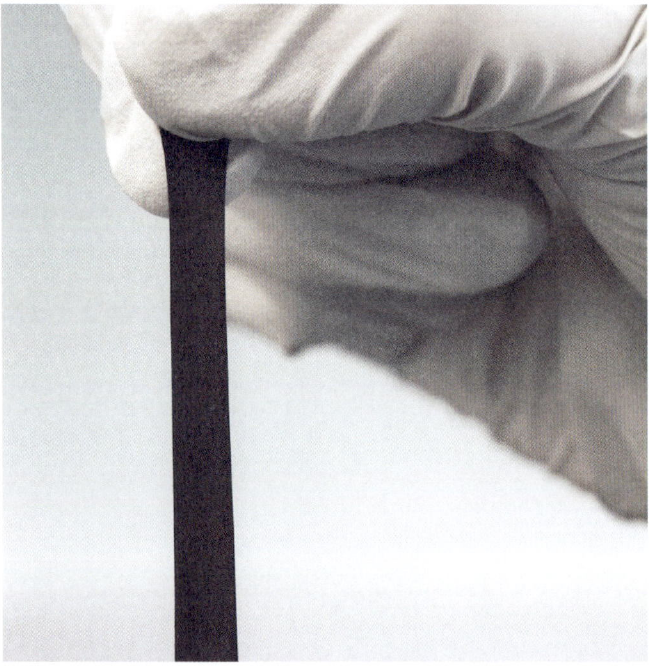

DES BANDES DE CAOUTCHOUC INCASSABLES

CONCEPTEURS : ALLIANCE RUBBER CO. ET UNIVERSITÉ DU SUSSEX

PAYS : ÉTATS-UNIS / GRANDE-BRETAGNE

LANCEMENT : NC

Le plus grand fabricant de caoutchouc incorpore dans ses bandes du graphène, le matériau le plus solide au monde… et rend ainsi son produit quasiment immortel ! Et malgré la présence de graphène, les bandes restent tout aussi élastiques que des bandes ordinaires en caoutchouc naturel. De plus, la particularité du caoutchouc « infusé au graphène » est de pouvoir incorporer des tags magnétiques RFID et des capteurs de température qui changent la couleur de la bande. Imaginez une botte d'asperges qui intègre dans son élastique un code-barres et modifie sa teinte si la chaîne du froid n'a pas été respectée… Au final, un banal élastique sera 200 fois plus solide que l'acier.

UN FILTRE QUI TRANSFORME L'EAU DE MER EN EAU POTABLE

CONCEPTEUR : UNIVERSITÉ DE MANCHESTER

PAYS : GRANDE-BRETAGNE

LANCEMENT : NC

Alors que les effets du changement climatique réduisent chaque jour les réserves d'eau potable dans le monde, les pays riches investissent dans les nouvelles technologies de dessalement. Parmi elles, un filtre surpuissant, fabriqué à partir d'un matériau révolutionnaire : le graphène. Lorsque le sel est dissous dans l'eau, il se forme une « coquille » de molécules d'eau autour des molécules de sel. Or, des membranes d'oxyde de graphène empêchent le sel de s'écouler avec l'eau. Résultat : ces membranes dessalent naturellement l'eau de mer à 100 % sans avoir besoin d'électricité !

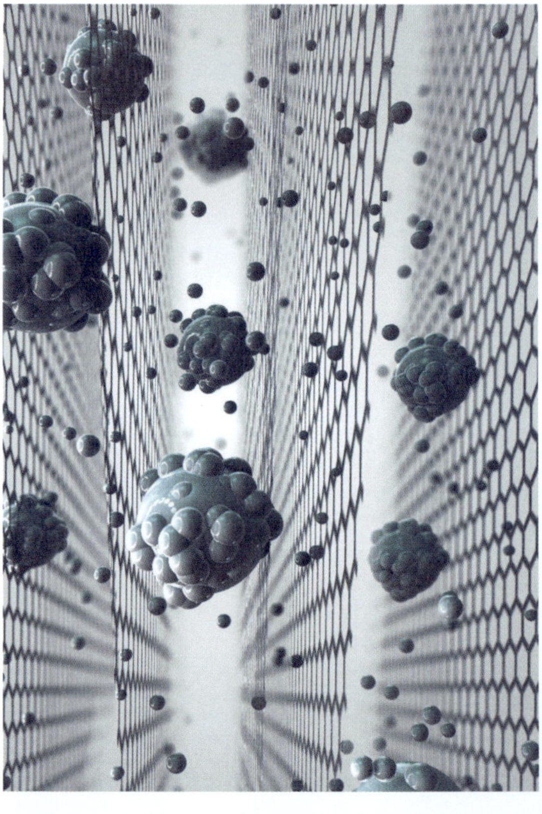

Rien n'arrêtera le Twistron. D'ores et déjà, on pense à placer ces fabuleux filaments dans les pneus de voiture. À chaque tour de roue, le Twistron est étiré, ce qui produit de l'électricité. Ainsi, finies les batteries ! Votre voiture électrique pourra rouler indéfiniment sans jamais devoir se recharger à une borne !

Un filament de carbone enroulé sur lui-même contient assez d'électricité pour recharger indéfiniment votre téléphone portable.

LE MIRACLE DU TWISTRON

CONCEPTEURS : UNIVERSITÉ DU TEXAS ET UNIVERSITÉ HANYANG

PAYS : ÉTATS-UNIS/CORÉE DU SUD

LANCEMENT : NC

De plus en plus stupéfiant ! Une équipe internationale dirigée par des scientifiques de l'université du Texas et de l'université Hanyang en Corée du Sud a mis au point des fils révolutionnaires qui génèrent de l'électricité lorsqu'ils sont étirés ou tordus. Les chercheurs révèlent que ces extraordinaires fils de « twistron » sont capables de produire de l'énergie à partir du mouvement, par exemple le va-et-vient des vagues océaniques. Aussi fou que cela puisse paraître, une fois cousus dans une chemise, ces fils convertissent les mouvements de respiration en électricité. De quoi recharger par exemple un téléphone portable.

Mais de quoi sont donc faits ces fils miraculeux ? De nanotubes de carbone, des cylindres creux 10 000 fois plus petits qu'un cheveu. Or, lorsqu'ils sont tordus ou étirés, leur volume diminue, ce qui augmente la tension associée à la charge stockée dans le fil et permet la récolte de l'électricité.

Ainsi, des fils enroulés 30 fois par seconde produisent 250 W/kg, ce qui est énorme. À partir de là, les chercheurs nous entraînent vers un avenir possible où, d'ici une dizaine d'années, vous pourrez vous éclairer ou téléphoner sans limites grâce à votre chemise. Plus saisissants encore, de simples filets posés au fond des océans pourraient alimenter en électricité des villes entières !

UN COLLIER QUI FILME À 360°

CONCEPTEUR : LINKFLOW

PAYS : CORÉE DU SUD

LANCEMENT : 2019

Issu des laboratoires de Samsung, ce collier ouvert à l'avant surprend à plus d'un titre. Il est équipé de trois caméras à 180°, l'une au bout d'une branche et les deux autres à l'arrière. Il reconstitue ainsi une image à 360° en 4K qu'il vous retransmettra en WiFi sur votre ordinateur ou votre smartphone. Et cette image panoramique totale peut être diffusée en direct sur les réseaux sociaux. Imaginez-vous dans un stade ou à un concert, ou encore à une fête de famille, rien de ce qui vous entoure ne se perdra… Au final, l'expérience de filmer ou photographier sans tenir son appareil, ni contrôler le cadrage, est vraiment étonnante. Seule limite de l'objet encore au stade de prototype, son autonomie pour enregistrer : elle ne dépasse pas 90 minutes…

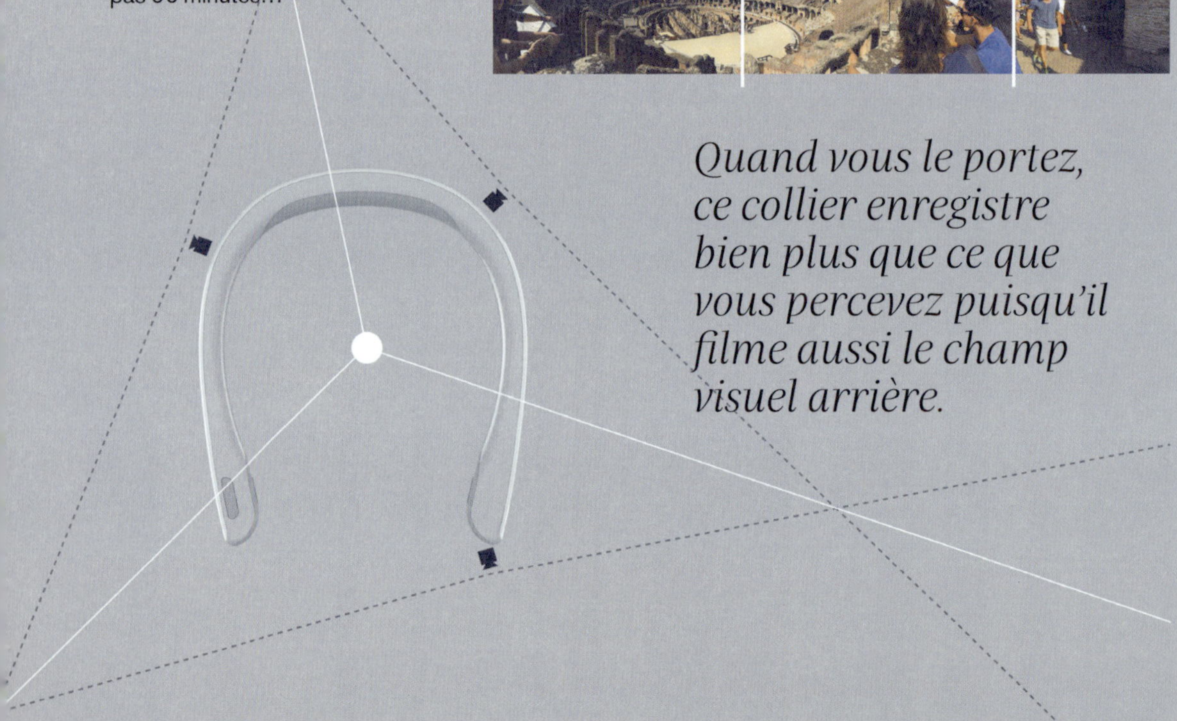

Quand vous le portez, ce collier enregistre bien plus que ce que vous percevez puisqu'il filme aussi le champ visuel arrière.

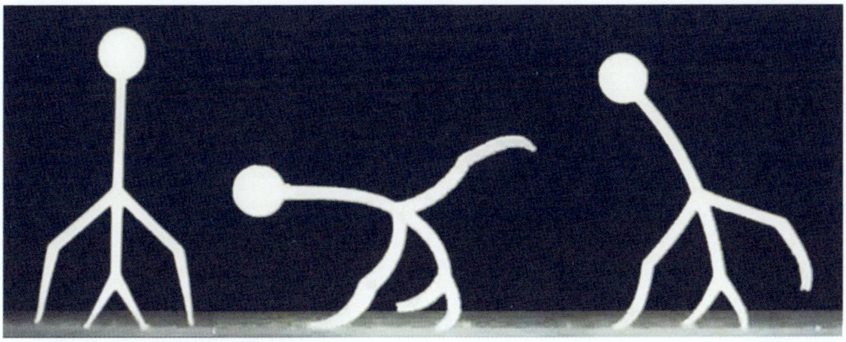

DES HUMANOÏDES EN HYDROGEL

CONCEPTEUR : UNIVERSITÉ RUTGERS

PAYS : ÉTATS-UNIS

LANCEMENT : NC

Le spectacle est saisissant : les ingénieurs de l'université Rutgers ont créé un gel intelligent imprimé en 3D. Il en résulte d'étranges petites créatures humanoïdes qui marchent sous l'eau, attrapent des objets et peuvent les déplacer. Ces intrigants robots mous à base d'hydrogel imitent les animaux marins comme la pieuvre et « marchent » en obéissant à des impulsions électriques. Dans la mesure où ces humanoïdes miniatures ressemblent à des tissus du corps humain (qui eux aussi contiennent beaucoup d'eau et sont très mous), les applications biomédicales sont nombreuses : la création de muscles artificiels du cœur, de l'estomac et d'autres muscles, ainsi que la mise au point de dispositifs permettant de diagnostiquer des maladies, de détecter et de délivrer des médicaments. Vive le petit peuple aquatique !

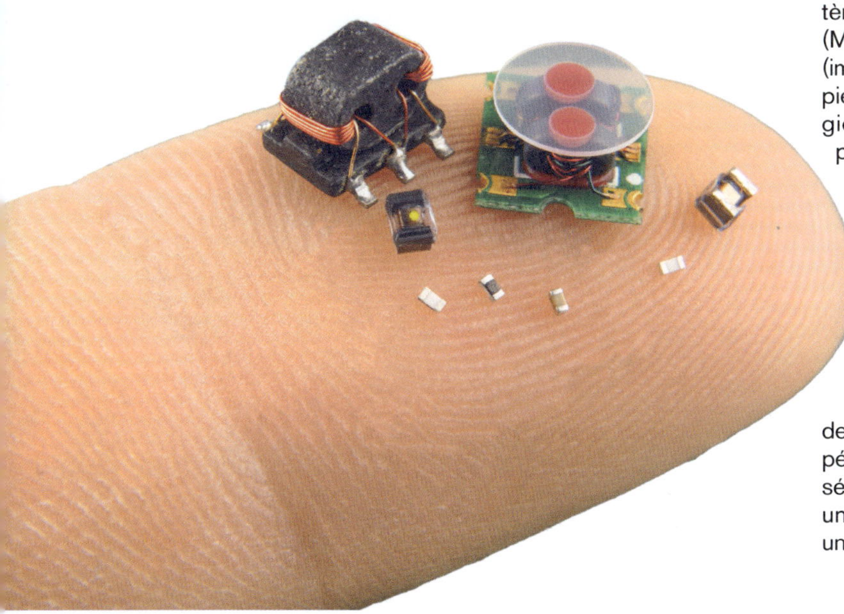

LES MICRO-ROBOTS DE LA DARPA

CONCEPTEUR : DARPA (MTO)

PAYS : ÉTATS-UNIS

LANCEMENT : 2018

Que ce soit dans un scénario de catastrophe naturelle, une mission de recherche et de sauvetage, un environnement dangereux ou toute autre situation d'urgence, les robots ont le potentiel idéal pour aider les secours. Mais encore faut-il avoir la capacité de naviguer dans les décombres et d'entrer dans des zones très instables. Des systèmes robotiques beaucoup plus petits pourraient fournir une telle aide qui serait précieuse pour sauver des vies ou détecter de nouveaux dangers. Les avancées technologiques dans les systèmes microélectromécaniques (MEMS), la fabrication additive (impression 3D), les actionneurs piézoélectriques (nanotechnologies) et les capteurs de faible puissance ont permis aux chercheurs de se développer dans le domaine de la micro-robotique. Cependant, en raison des obstacles techniques rencontrés à mesure que la technologie se rétrécit, ces plateformes manquent de puissance, de navigation et de contrôle pour accomplir des tâches complexes avec compétence. Ci-contre une première série de micro-robots qui offrent une mobilité, une maniabilité et une dextérité inédite.

LA LIVRAISON LA PLUS RAPIDE DU MONDE

CONCEPTEUR : ZIPLINE

PAYS : ÉTATS-UNIS

LANCEMENT : 2018/2019

12 juillet 2018. Ce jour-là, au fin fond d'une forêt en Tanzanie, un ingénieur géologue a fait une mauvaise chute. Il lui faut une transfusion dans l'heure. L'hôpital le plus proche est à plus de quatre heures de voyage en voiture.

Que faire ? Zipline a la solution ! Contactée par SMS, la compagnie de drones de livraison envoie aussitôt un DGV, drone à grande vitesse muni du précieux sérum sanguin. Guidé par géolocalisation, il fonce à plus de 100 km/h vers le lieu de l'accident. Une demi-heure plus tard, le drone atterrit au pied du blessé : l'homme est sauvé.

En survolant à grande vitesse des montagnes inaccessibles et des routes défoncées, ces drones encore en phase expérimentale apporteront directement le sang ou les vaccins aux cliniques les plus éloignées et sauveront des vies chaque jour. D'ores et déjà, les ingénieurs-chercheurs de Zipline détiennent le record du monde de vitesse de livraison !

Plus de deux milliards de personnes n'ont pas accès aux médicaments les plus essentiels : mais ils seront peut-être sauvés par des drones à grande vitesse !

LES DRONES CHAUVES-SOURIS

CONCEPTEUR : PR DIETER VANDERELST

PAYS : ÉTATS-UNIS

LANCEMENT : NC

Si un jour vous visitez le laboratoire de robotique de l'université de Cincinnati, vous y rencontrerez peut-être un drôle d'engin volant, à mi-chemin entre un robot et une chauve-souris. Les capteurs de ce drone intelligent (qui se dirige au son), s'inspirent de la nature. D'abord, son concepteur a utilisé une imprimante 3D pour reproduire la forme exacte de la tête de petites chauves-souris. Les micros de son robot imitent le contour des oreilles et sont placés légèrement décalés sur le cadre du robot, de la même manière que les oreilles d'une roussette sont asymétriques sur son crâne.

La station de guidage de la chauve-souris numérique dispose de haut-parleurs à ultrasons et de microphones qui peuvent émettre des sons et détecter des échos. Tout comme deux espèces d'oiseaux n'ont pas le même son, les chauves-souris émettent des bips de fréquences et de durées uniques. Une intéressante application du comportement de cette étonnante créature volante pourrait être de redonner une forme de « vue acoustique » aux aveugles.

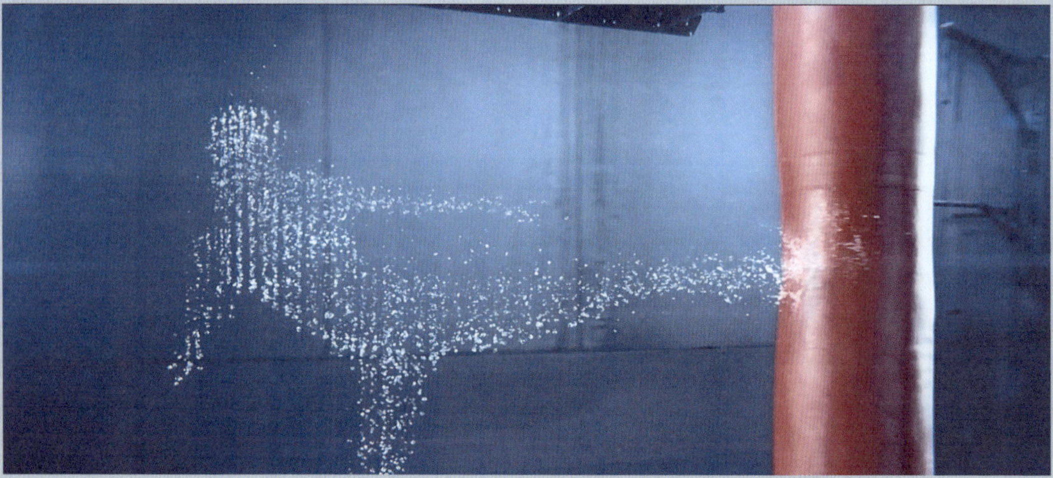

IMPRESSIONS 3D AVEC DES GOUTTES D'EAU

CONCEPTEURS : MACHINESHOP ET GATORADE

PAYS : GRANDE-BRETAGNE

LANCEMENT : 2018

Imaginez une machine qui imprime des personnages en 3D avec des gouttes d'eau, comme si ces dernières n'étaient que des pixels. Puis, grâce à un flash puissant, un appareil photographique vient capter la lumière de chaque gouttelette. La trame des modèles s'adapte et peut être positionnée dans l'espace pour donner l'impression d'une interaction complète de l'eau avec l'environnement. Pour concevoir un dispositif capable de délivrer des rendus de la taille d'un être humain en mouvement, chaque goutte doit avoir une chute précise à la milliseconde et au millimètre près. Un algorithme minimise l'effet de la gravité, adaptant la forme des gouttes pour s'assurer que l'ensemble est visuellement le plus parfait possible au moment où le flash se déclenche.

LE PLUS PETIT ORDINATEUR DU MONDE

CONCEPTEUR : IBM

PAYS : ÉTATS-UNIS

LANCEMENT : NC

IBM est à l'origine des tout premiers ordinateurs du monde. Fidèle à sa longue tradition de leader, la célèbre firme américaine a fait en mars 2018 une présentation fracassante : celle du plus petit ordinateur du monde. L'ordinateur est en effet minuscule, un carré d'un millimètre de côté et qui tient sur un doigt. Plus fin qu'un grain de riz, il coûte apparemment moins de 10 centimes à fabriquer. À quoi va servir ce géant minuscule ? Selon IBM, principalement à gérer l'approvisionnement et la protection des données contre les intrusions (en particulier dans l'univers des blockchains). À plus long terme, cette très petite taille pourra permettre à ce nano-ordinateur d'intervenir dans l'architecture d'une nouvelle forme d'intelligence artificielle qui émerge lentement et que l'on appelle les « ordinateurs quantiques ».

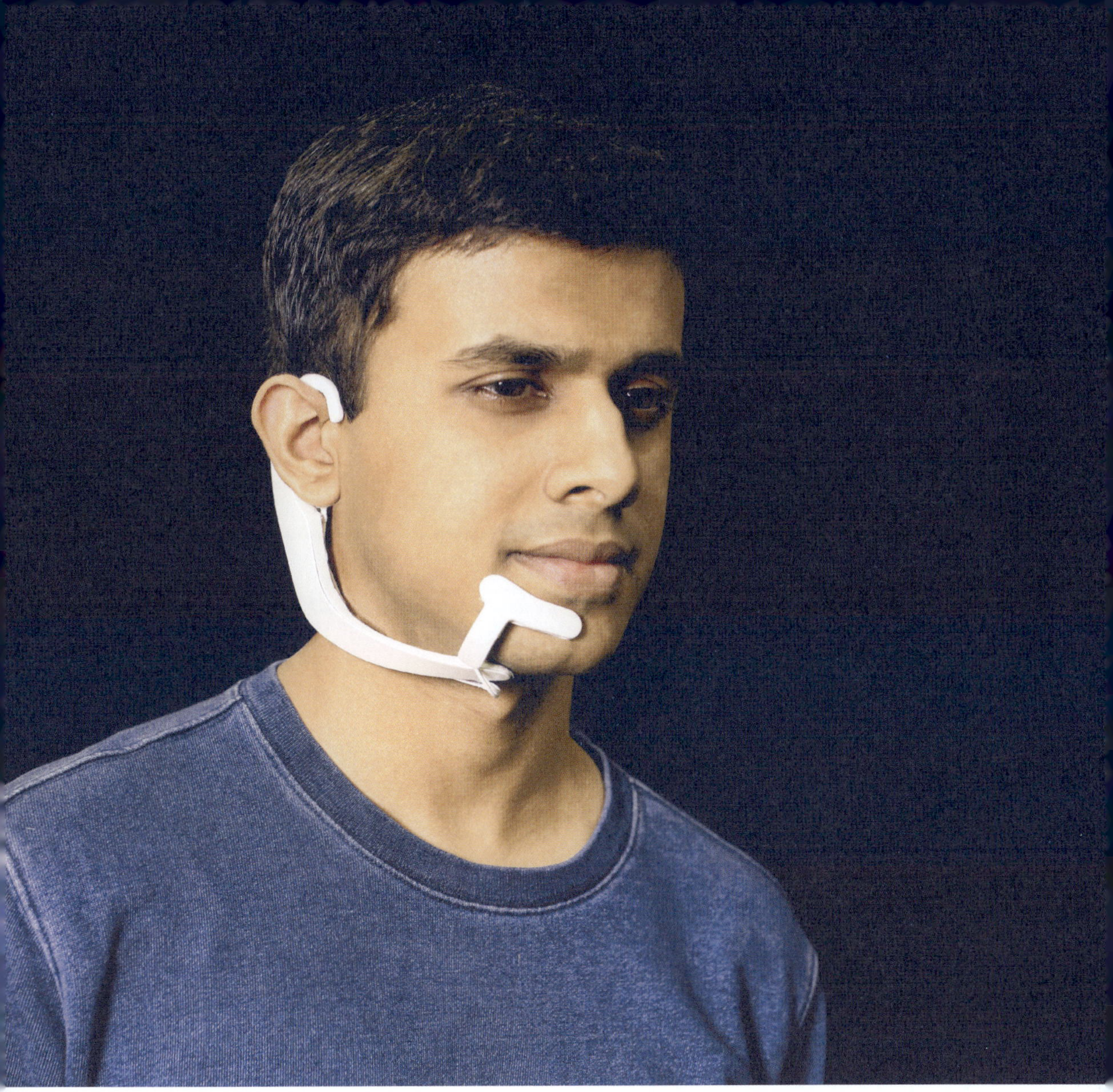

ALTEREGO RETRANSCRIT VOS PENSÉES SILENCIEUSES…

CONCEPTEUR : MIT LAB

PAYS : ÉTATS-UNIS

LANCEMENT : NC

Un premier pas vers la fameuse machine à lire les pensées, célèbre déjà dans les années 1930 sous la plume inspirée des auteurs de science-fiction. En effet, les chercheurs du MIT ont développé une interface informatique capable de transcrire des mots que l'utilisateur verbalise en interne (la subvocalisation), mais qu'il ne prononce pas réellement à haute voix. Le système se compose d'un dispositif portable et d'un système informatique associé. Les électrodes de l'appareil détectent les signaux neuromusculaires dans la mâchoire et le visage qui sont déclenchés par nos subvocalisations indétectables à l'oreille humaine. Les signaux sont transmis à un module d'apprentissage automatique qui a été formé pour corréler des signaux particuliers avec des mots particuliers. L'aventure est passionnante et pourrait déboucher à brève échéance sur une grande première : permettre à des personnes ayant perdu l'usage de la parole de s'exprimer. À plus long terme, les chercheurs du MIT visent bel et bien la fabrication d'une véritable machine à lire les pensées basée sur la détection directe des ondes cérébrales.

RÉALITÉS AUGMENTÉE ET VIRTUELLE

Le stade ultime du développement des technologies de l'information est de faire de nous des êtres connectés dont les cinq sens peuvent être enrichis en temps réel par l'intelligence artificielle.

TESLASUIT, LA COMBINAISON INTELLIGENTE

CONCEPTEUR : TESLASUIT

PAYS : ÉTATS-UNIS

LANCEMENT : 2018/2019

Teslasuit est la première combinaison intelligente parfaitement intégrée aux mondes virtuels. Elle embarque des systèmes Haptic Feedback, Motion Capture, Climate Control et Biometric Feedback : en clair, votre immersion sensorielle est totale ! Le retour haptique complet du corps procure aux utilisateurs le sens du toucher grâce à l'électrostimulation. Le système de contrôle de la température délivre des sensations de chaleur et de froid. Enfin, la combinaison capture chacun de vos mouvements pour les transmettre à l'ordinateur…

Teslasuit est loin de se limiter au marché du jeu vidéo avec des univers virtuels immersifs. De la réalité augmentée (interaction digitale dans le monde réel) aux instruments innovants de mesures médicales sans oublier le coaching sportif assisté par une intelligence artificielle, les développements potentiels sont nombreux.

Voici
le tout premier
vêtement intelligent
autorisant
une véritable immersion
sensorielle du corps
dans un monde
virtuel.

ORA-X, UN CASQUE AUDIO POUR UNE RÉALITÉ AUGMENTÉE VISUELLE

CONCEPTEUR : OPTIVENT

PAYS : FRANCE

LANCEMENT : 2018

Ora-x se veut le tout premier casque audio intelligent au monde. Vous écoutez le titre d'un album, il lance le clip YouTube correspondant sur une languette transparente amovible qui se place devant votre œil gauche. Tout en marchant dans la rue, le casque vous indique oralement et/ou visuellement la bonne direction ou vous permet de regarder votre match de football en faisant votre jogging ! Doté d'une caméra, il vous permettra également de filmer et de retransmettre un événement tel que vous le vivez en direct sur les réseaux sociaux, ou encore vous révélera dans le creux de l'oreille le nom des personnes que vous croisez…

DES LUNETTES POUR UNE RÉALITÉ AUGMENTÉE AUDIO

CONCEPTEUR : BOSE

PAYS : ÉTATS-UNIS

LANCEMENT : NC

Voici une paire de lunettes de soleil à réalité augmentée… audio ! Il fallait y penser : des capteurs envoient les données de mouvement et de localisation à une application qui agrège les informations, et renvoie instantanément le contenu pertinent recherché en temps réel aux oreilles de l'utilisateur par le biais d'écouteurs incrustés dans les branches. Tel un iPhone, ces lunettes fonctionneront grâce à une plateforme applicative. Les applis et usages restent donc à inventer !

OTON GLASS, DES LUNETTES QUI LISENT À VOIX HAUTE !

CONCEPTEUR : OTON GLASS

PAYS : JAPON

LANCEMENT : 2019

Ces lunettes sont destinées à aider les personnes ayant une déficience visuelle et à leur fournir un moyen de comprendre le texte qui les entoure. Deux caméras et un écouteur sont intégrés à la monture des lunettes. Les porteurs clignent des yeux pour déclencher l'application, et là, miracle, une voix de synthèse ressemblant à Siri vous lit la page qui vous fait face, impeccablement, et en respectant la ponctuation ! Les lunettes pourront glisser à l'oreille de leurs utilisateurs les panneaux de signalisation routière, le nom des rues, les pancartes ou étiquettes dans les magasins…

Faites de matériaux peu onéreux et employant des technologies de reconnaissance de caractères éprouvées, les lunettes seraient commercialisées à moins de 50 euros la paire. L'intelligence artificielle se trouve dans l'application de votre smartphone, les lunettes n'étant que des capteurs sans fils.

LUNETTE DE POLICE POUR LA RECONNAISSANCE FACIALE

CONCEPTEUR : NC

PAYS : CHINE

LANCEMENT : 2018

La police des chemins de fer de la gare de trains à grande vitesse de Zhengzhou, dans la province du Henan en Chine, où transitent quotidiennement de 70 000 à 12 000 usagers, a équipé ses agents d'une surprenante paire de lunettes capable de reconnaître le visage d'un usager en 100 millisecondes, même si la personne se trouve au milieu d'une foule immense. Le visage est analysé et comparé à une base de données de la police judiciaire. Plus de 7 fugitifs ont ainsi été repérés et arrêtés, 26 passagers ayant une fausse identité confondus. Effrayant ou fascinant nous vous laissons choisir la bonne épithète…

MAGIC LEAP, DES LUNETTES DE RÉALITÉ AUGMENTÉE

CONCEPTEUR : MAGIC LEAP

PAYS : ÉTATS-UNIS

LANCEMENT : 2018/2019

Annoncées à grand renfort de vidéos époustouflantes depuis plusieurs années, après plus de 2 milliards de dollars investis dans leur développement, les lunettes de réalité augmentée Magic Leap seront prochainement lancées. Le fondateur nous promet une technologie suffisamment révolutionnaire pour remettre en cause l'usage des smartphones tactiles. Il serait ainsi possible, comme dans le célèbre film de science-fiction *Minority Report*, de déplacer des éléments numériques dans le monde réel avec les mains, de lire vos e-mails sur un mur, de lancer une pierre sur un dinosaure et de vous cacher derrière le canapé pour éviter qu'il ne vous retrouve… en bref, de fusionner l'espace digital et l'espace réel. Magic Leap fonctionne sans smartphone : une unité centrale que l'on peut clipser sur la ceinture le remplace. Seul accessoire, une manette gyroscopique nous laisse interagir avec l'interface.

ANIMAUX DOMESTIQUES

Nos plus proches compagnons à quatre pattes font l'objet de toutes les attentions des start-up qui adaptent leurs innovations pour leur offrir encore plus de bien-être et d'amusement.

La principale différence entre la vision humaine et la vision du chat se situe anatomiquement dans la rétine : les félins ne peuvent pas détecter toutes les couleurs ou voir les objets éloignés aussi bien que les humains. Mais ils voient mieux dans l'obscurité. La projection binoculaire du casque (ci-dessus, l'intérieur d'un aquarium) tient compte de ces phénomènes physiologiques. La grande image sombre nous montre, comparativement, la vision humaine.

VR POUR CHAT

CONCEPTEURS : ISOBAR ET PVRR

PAYS : AUSTRALIE

LANCEMENT : 2018

Il y aurait plus de 600 millions de chats domestiques dans le monde, ce qui, rapporté à la population mondiale humaine, fait qu'environ une personne sur 10 posséderait un chat.

Cat VR, « la plus petite expérience de réalité virtuelle au monde », offre aux chats des moments uniques qui excitent leurs sens et les divertissent. Grâce à un micro-casque miniature adapté à la taille de leur boîte crânienne, la société australienne Isobar les fera courir dans des bocaux de poissons, jouer avec des balles de fil géantes, se promener dans un monde de boîtes en carton ou chasser les pointeurs laser. Les félins entrent ainsi de « pleine patte » dans l'ère de la réalité virtuelle sans être jamais passés par le monde numérique !

Le groupe de recherche spécialisé PVRR, filiale d'Isobar, a travaillé avec des centaines de chats et leurs propriétaires pour créer des heures d'expériences immersives qui pourront stimuler leur nature intrinsèquement ludique.

Grâce à des capteurs électriques, les chercheurs ont pu déterminer les scènes les plus récréatives pour les félins parmi une large proposition de vidéos immersives. Sont arrivées en tête les séquences mettant en vedette des poissons ou la faune aquatique. Puis les vidéos montrant des déplacements rapides, indépendamment du sujet. En troisième, de petits graphiques animés de rongeurs dans leur habitat naturel…

LA LITIÈRE POUR CHAT TOUJOURS PROPRE

CONCEPTEUR : LITTER-ROBOT

PAYS : ÉTATS-UNIS

LANCEMENT : 2018

Le Litter-Robot III sait quand votre chat est à l'intérieur du bac à litière… où quand il est temps de la nettoyer. Une fois que votre chat est sorti, un cycle de nettoyage commence. À mesure que le globe tourne, le système de tamisage sépare la litière propre des saletés pour les éliminer dans un filtre à charbon. Puis le globe revient à la position d'origine, laissant une litière impeccable pour la prochaine utilisation. Il suffira ensuite de vider le tiroir à déchets grâce à une notification sur votre téléphone. Litter-Robot III vous informera également à distance de la bonne santé de votre chat, et vous permettra d'observer ses faits et gestes…

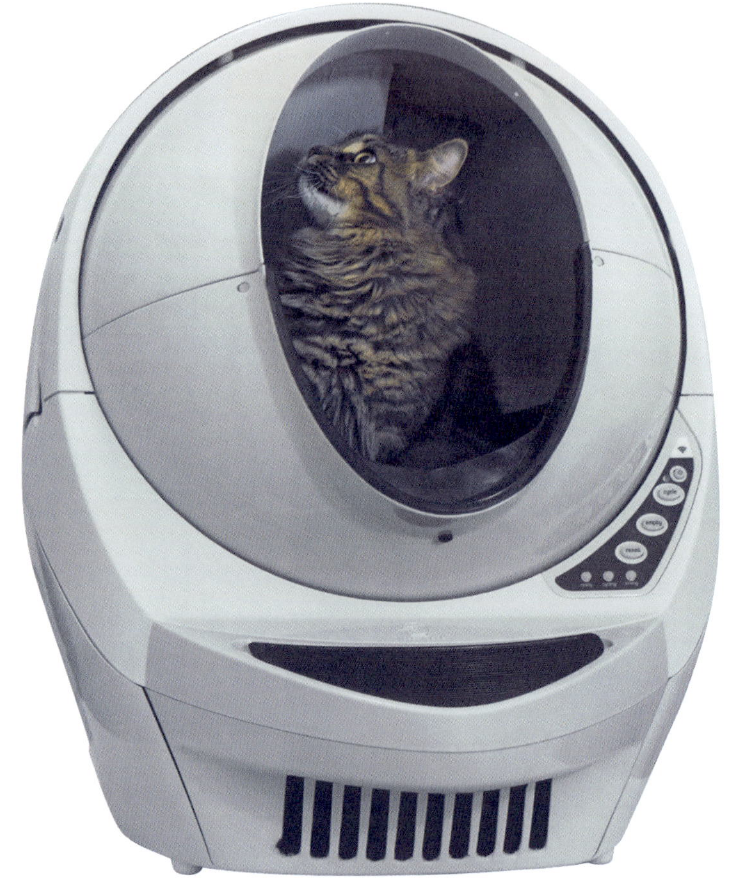

LA BALANCE CONNECTÉE QUI SUIT LA SANTÉ DE VOTRE ANIMAL

CONCEPTEUR : FOLLOE

PAYS : FRANCE

LANCEMENT : 2018

À chaque fois que votre chat viendra manger dans son écuelle que vous aurez posée sur une cette balance connectée faisant office de tapis, vous serez capable de suivre précisément les variations de son poids et de contrôler sa croissance s'il est jeune. Vous maîtriserez enfin avec précision son alimentation et ses apports caloriques journaliers. Saviez-vous que 10 % d'apport calorique en plus pour un chat, c'est l'équivalent pour un être humain adulte d'un donut (beignet au sucre) ou d'un demi-hamburger ?

UN LANCEUR DE BALLE POUR CHIEN

CONCEPTEUR : IFETCH

PAYS : ÉTATS-UNIS

LANCEMENT : 2018

Il fallait l'inventer. Voici une merveille technologique pour amuser vos chiens. Le iFetch lance la balle à des distances et dans des directions aléatoires. Et une fois que votre animal à quatre pattes aura couru à l'autre bout du jardin ou de l'appartement pour attraper la précieuse balle bleue, soit celui-ci apprend à la reposer dans un réceptacle, soit une réserve prend la relève et lance un nouveau projectile. Au bout de combien de lancés votre chien se fatiguera-t-il ?

MIA, UN ROBOT DE COMPAGNIE POUR CHIEN

CONCEPTEUR : JESSICA PRESCOTT

PAYS : CANADA

LANCEMENT : 2018

MIA divertit votre chien ou votre chat tout en réduisant son anxiété et en augmentant son activité. Votre animal ne passera plus la journée sur le canapé en attendant votre retour. MIA est même équipé d'un distributeur de nourriture sèche ! Choisissez simplement l'heure à laquelle vous voulez que votre animal fasse de l'exercice et la quantité de récompenses alimentaires que vous l'autorisez à distribuer. Cela réduira les comportements inappropriés comme les aboiements, la destruction des meubles, en somme, l'anxiété liée à la solitude de l'animal. Une application vous permet d'ajuster de nombreux paramètres et de l'observer ou de lui parler à distance !

ALIMENTATION

Notre alimentation devient elle aussi connectée. L'automatisation et l'intelligence artificielle s'invitent dans nos assiettes, des champs de l'agriculteur à notre cuisine en passant par la restaurantion. Les concepteurs de ces merveilles nous promettent de manger bien mieux et beaucoup moins cher !

Trakthor peut se diviser en deux véhicules – il ressemble alors à un motocross – ou en quatre unités situées côte à côte. L'une des unités du Trakthor contient l'ordinateur en charge de communiquer et de coordonner les travaux avec les autres roues.

TRAKTHOR, LE TRACTEUR 2.0

CONCEPTEUR : CHARLES BOMBARDIER, ET ASHISH THULKAR

PAYS : CANADA/INDE

LANCEMENT : NC

Le Trakthor est un prototype de tracteur modulaire conçu pour fonctionner sur les terrains les plus difficiles, où les tracteurs conventionnels ne peuvent évoluer. Il est capable de se démonter en unités plus petites et plus maniables, sans assistance humaine. Il peut ensuite se réassembler en un module plus large capable de tirer des équipements plus lourds ou d'effectuer des travaux d'envergure. Le châssis robuste du Trakthor permet à chaque roue de se désengager et de rouler sur, ou autour, des obstacles de façon autonome. L'indépendance des roues autorise la traversée de toutes formes ou grandeurs de terrains, mais permet surtout d'accomplir plusieurs tâches distinctes en même temps. Dans ce mode, des gyroscopes intégrés à chaque unité maintiennent l'équilibre individuel des roues privées de châssis.

LE BAR ROBOTISÉ

CONCEPTEURS : CARLO RATTI ASSOCIATI ET ETB MAKR SHAKR

PAYS : ITALIE/ÉTATS-UNIS

LANCEMENT : 2018

« Nino » est équipé de deux bras mécaniques qui peuvent préparer et servir avec précision n'importe quelle boisson en quelques secondes, et ce, en la secouant, et en la remuant avec la chorégraphie et la coordination d'un véritable barman. Nino a pour vocation de lancer une nouvelle expérience de consommation. Grâce à son application mobile Makr Shakr, les utilisateurs choisissent leurs recettes établies selon les instructions des barmen internationaux les plus réputés ou bien créent et baptisent des cocktails totalement personnalisés. Les bras robotiques suspendus au plafond de la structure du bar peuvent gérer plus de 170 bouteilles de spiritueux et fournir un nombre infini de combinaisons de boissons.

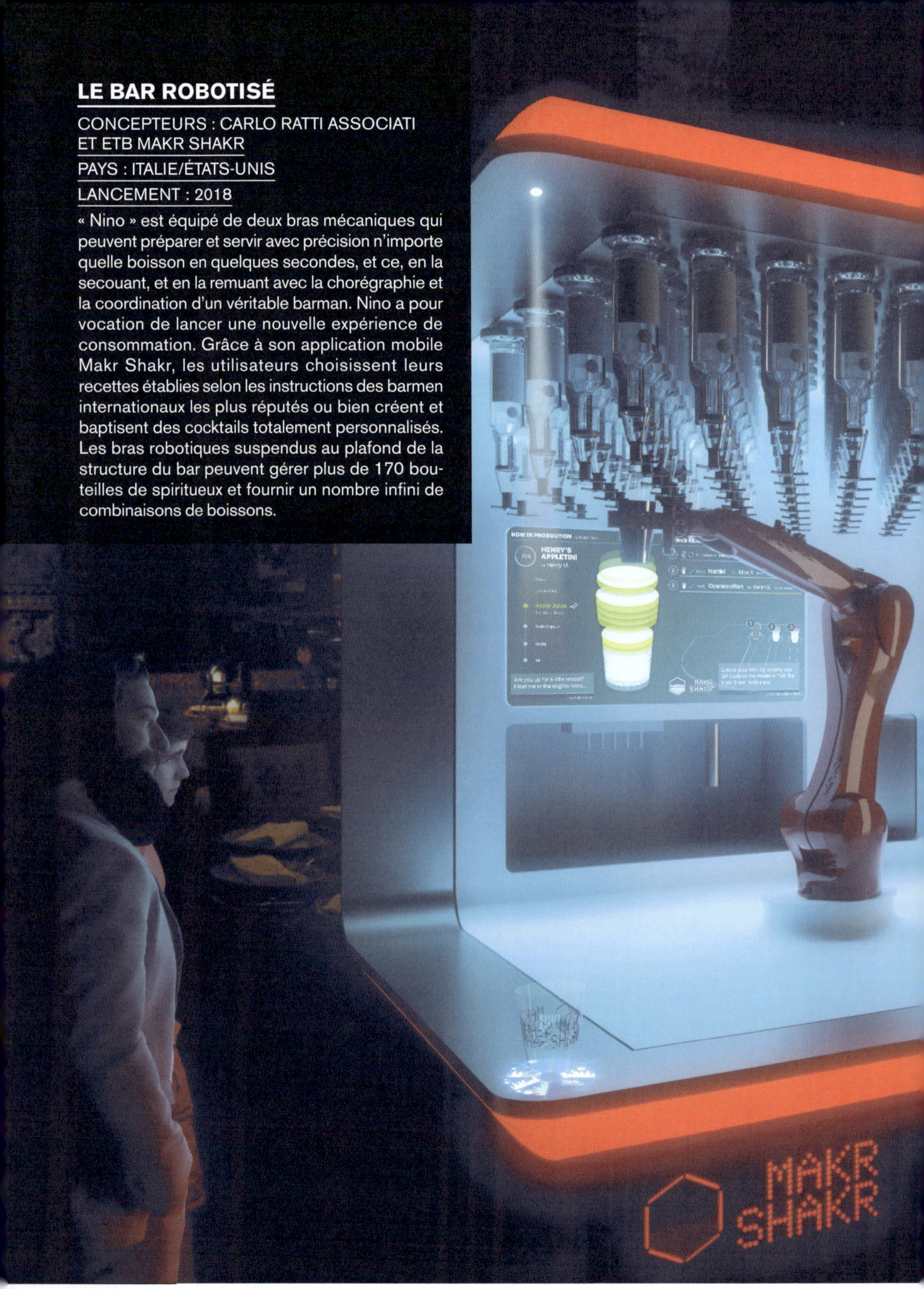

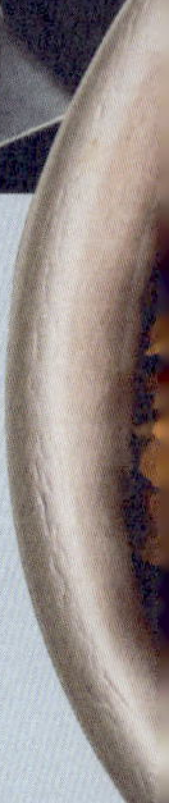

LE PREMIER ROBOT-BURGER !

CONCEPTEUR : MISO ROBOTICS

PAYS : ÉTATS-UNIS

LANCEMENT : 2018

La scène se déroule chez Calibuger, à Pasadena aux États-Unis. La cuisine est silencieuse, impeccable. Personne ne s'y promène jamais. Seul s'agite le bras robotique de Flippy. Ce dernier retourne 150 hamburgers par heure. Il surveille chacun d'eux en temps réel grâce à sa vision 3D et thermique pour détecter automatiquement quand mettre ou retirer les steaks sur le grill. Puis Flippy pose délicatement la viande sur le pain en prenant soin d'y ajouter les condiments, sauces et tranche de fromage nécessaires à la recette. Il est évident que les équipiers du célèbre clown Ronald ont du souci à se faire.

SPYCE, LA CUISINE ROBOTISÉE

CONCEPTEUR : SPYCE

PAYS : ÉTATS-UNIS

LANCEMENT : 2018

Fruit de la créativité de quatre jeunes diplômés du MIT, les 7 robots de cuisine Spyce préparent simultanément des recettes de wok en 3 minutes… ou moins ! Établi à Boston, ce restaurant du futur peut servir jusqu'à 200 repas par heure pour environ 5 euros le plat. Les clients passent leurs commandes à l'aide d'un appareil à écran tactile qui coordonne un système de collecte des aliments avant de les livrer aux woks robotisés. Ceux-ci cuisinent en tournant constamment les ingrédients prédosés à 230 °C sur des plaques à induction. Leur position inclinée permet d'apercevoir la nourriture en train de cuire depuis la salle du restaurant…

TÉLÉPORTER DES SUSHIS

CONCEPTEUR : OPEN FOODS

PAYS : JAPON

LANCEMENT : 2018/2019

Le concept de la société Open Food est particulièrement novateur : une « imprimante alimentaire » baptisée Open Meal imprime des pixels comestibles en 3D. L'imprimante se connecte à une « base de nourriture » qui fonctionne comme une base de données numérique pour toutes sortes d'aliments différents. Le but est de permettre aux consommateurs de trouver un plat, de le personnaliser puis de le télécharger comme ils le feraient avec un morceau de musique ! Un bras robotique imprime ces minicubes (les pixels) à partir d'un gel alimentaire. Chaque pixel peut avoir sa propre saveur, couleur et contenir des nutriments spécifiques. Ils sont ensuite assemblés pour créer la version « 8 bits » de la vraie nourriture, les bits faisant référence à la finesse des pixels.

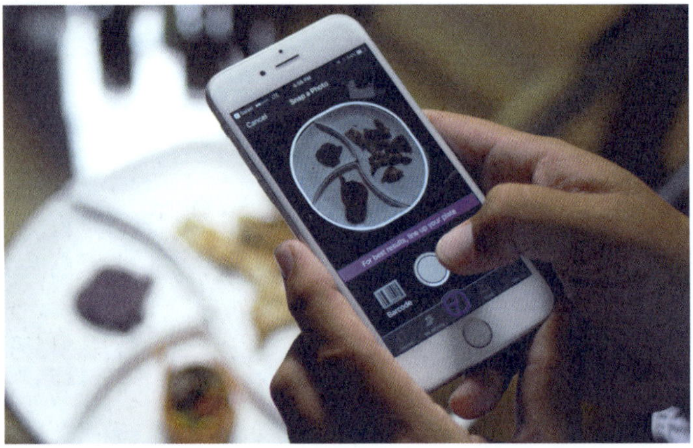

L'ASSIETTE INTELLIGENTE

CONCEPTEUR : FITLY

PAYS : ÉTATS-UNIS

LANCEMENT : 2018

SmartPlate TopView est la première plateforme de nutrition intelligente au monde qui utilise la reconnaissance de photo avancée par intelligence artificielle pour identifier, analyser et suivre tout ce que vous mangez dans votre assiette en quelques secondes. Il vous faudra définir des objectifs de santé personnalisés ou choisir l'un des nombreux programmes diététiques proposés. Qu'il s'agisse de gérer son poids ou d'améliorer son endurance pour un sport, SmartPlate ajuste les repas avec précision !

LA NOURRITURE CONNECTÉE

CONCEPTEUR : LABORATOIRE JAMES TOUR (UNIVERSITÉ RICE)

PAYS : ÉTATS-UNIS

LANCEMENT : NC

Des scientifiques de l'université Rice aux États-Unis ont inventé un système d'impression de graphène comestible par technologie laser (le graphène étant une forme de carbone). Ils ont ainsi créé une toute nouvelle classe de produits électroniques comestibles ! Le laboratoire étudie actuellement la meilleure manière d'écrire des motifs de graphène sur les aliments pour incorporer rapidement des étiquettes d'identification conductrices et des capteurs RFID dans les produits eux-mêmes. Ce qui signifie qu'un jour prochain, lorsque vous achèterez un fruit ou une baguette, ceux-ci pourront intégrer un code-barres !

PAZZI, LA PIZZERIA FAST-FOOD ROBOTISÉE

CONCEPTEUR : EKIM

PAYS : FRANCE

LANCEMENT : 2018/2019

Le projet PAZZI a été imaginé par deux jeunes ingénieurs français, Sébastien Roverso et Cyrill Hamon. Leur ambition n'est pas moins que de révolutionner la restauration rapide en créant le premier point de restauration française 100 % autonome et équipé de robots pizzaïolos cuisinant devant les clients. Le robot offrira aux clients des pizzas – plus de 500 000 combinaisons de recettes sont disponibles – mais aussi des boissons, des desserts et des salades. Vous pourrez vous asseoir pour consommer sur place, emporter… 7 jours/7 et 24 h/24 !

Trente secondes étant nécessaires pour cuisiner (sans le temps de cuisson), une telle restauration robotisée serait idéale pour les lieux à fort trafic comme les centres commerciaux, les gares, les aéroports, les grands magasins, etc.

La conception des pizzas est l'une des toutes premières recettes que les start-up de restauration tentent d'automatiser, certainement parce que c'est l'un des plats les moins chers et les plus consommés dans les restaurants occidentaux. Deux technologies s'affrontent : l'impression des aliments en 3D et les bras robotisés. Seul l'avenir nous dira si les bras des robots pizzaïolos du projet PAZZI remporteront le combat des chefs !

PAZZI
- ORDER AND CUSTOMIZE YOUR PIZZA -
CONDIMENTS
SAUCE
PATON
CUISSON
PAZZI
PAZZI
Marine ta pizza! #4

LA LIVRAISON DE PIZZA INTÉGRALEMENT ROBOTISÉE ?

CONCEPTEUR : ZUME PIZZA

PAYS : ÉTATS-UNIS

LANCEMENT : 2018

Ce robot est présenté comme le concurrent des plus grandes enseignes de livraison de pizzas dans le monde. Plus de 50 millions d'euros de financement pour Zume, une start-up de la Silicon Valley. L'arrière-salle de son restaurant ressemble plus à l'usine de Jacques Tricastel du film *L'Aile ou la Cuisse* qu'à une cuisine de trattoria, mais qu'à cela ne tienne, on ne fabrique pas 370 pizzas en une heure sans de petits aménagements… Abaissant le temps moyen de livraison de 20 à 5 minutes, on reste songeur. La start-up Zume n'a plus qu'à s'associer à un fabricant de véhicules utilitaires autonomes, tels que ceux que nous vous présentons dans cet ouvrage, pour être capable de nous livrer une pizza encore chaude devant notre porte sans la moindre intervention humaine…

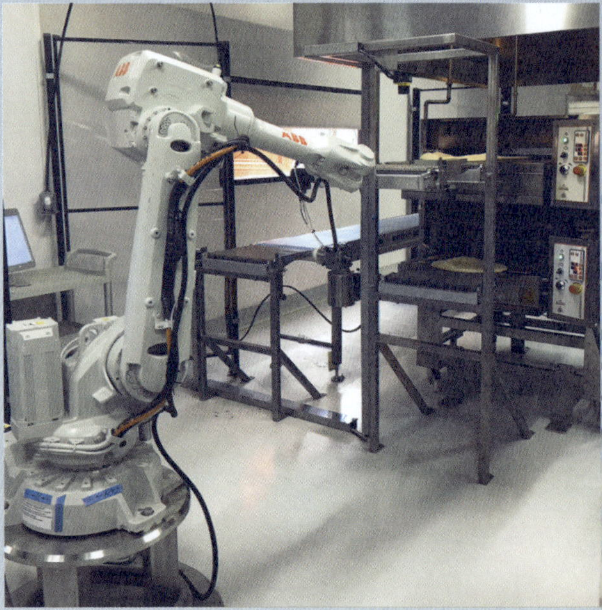

ABB

FAIRE POUSSER DES PLANTES DANS LE FRIGO

CONCEPTEUR : AGWART (LAB-C SAMSUNG)

PAYS : CORÉE DU SUD

LANCEMENT : 2019

PLANTBOX est une solution de « jardinage intelligent » pour l'intérieur et qui permet aux utilisateurs de cultiver facilement des légumes et des herbes à la maison. Le dispositif se compose d'une serre intelligente semblable à un petit réfrigérateur, de capsules de graines que l'on pourrait confondre avec les capsules d'une célèbre machine à café et enfin, d'une application pour contrôler l'ensemble. Lorsque le « e-jardinier » insère la capsule de son choix, PLANTBOX détecte automatiquement l'espèce de graine et optimise son environnement dans la serre, y compris l'éclairage, la température, l'humidité, la qualité de l'air et les nutriments. Par l'application, il vous sera également possible de surveiller et de contrôler la croissance de ce sympathique potager électronique !

BIXBY DONNE LA VALEUR ÉNERGÉTIQUE D'UN PLAT

CONCEPTEUR : SAMSUNG

PAYS : CORÉE DU SUD

LANCEMENT : NC

L'assistant virtuel de Samsung est prénommé Bixby. Concurrent du célèbre Siri d'Apple, d'Alexia d'Amazon ou encore de l'assistant de Google, il déploie des fonctions étonnantes. Voici la première intelligence artificielle capable d'estimer visuellement la valeur énergétique de ce que vous mangez ! Ne vous attendez pas à ce que Bixby regarde une assiette et identifie correctement tout ce qu'elle contient. Il vous faudra pointer l'appareil photo du téléphone vers chaque aliment pour obtenir un nombre de calories distinctes. Et faire l'addition par vous-même ! De plus, dans un premier temps, Bixby n'utilisera que des « données génériques » pour estimer la valeur des produits alimentaires que vous consommez. Ainsi, un bifteck sans sauce aura la même valeur énergétique qu'une entrecôte au beurre. Ce n'est qu'avec votre aide qu'il saura reconnaître le petit palet de beurre ou fera la différence parmi les pièces de bœuf…

LifeFuel ajoute automatiquement les nutriments et minéraux dont vous avez besoin.

LIFEFUEL, LA BOUTEILLE D'EAU INTELLIGENTE

CONCEPTEUR : LIFEFUEL

PAYS : ÉTATS-UNIS

LANCEMENT : NC

Imaginez une bouteille intelligente qui connaisse votre physiologie, maîtrise votre niveau d'hydratation ou vos carences minérales et vitaminiques… D'elle-même, elle ajouterait un peu de vitamine B12, C, D et puis du magnésium… C'est exactement la promesse que nous fait LifeFuel : suivre automatiquement notre niveau de nutrition et d'hydratation via une application de smartphone. Mais ce n'est pas tout, elle permet aux utilisateurs de charger des FuelPods (capsules) pour créer des boissons personnalisées en un instant. Le dispositif de recharge et les fonctions applicatives alimentent un « écosystème » que des fournisseurs de service tiers pourront bientôt exploiter en vous proposant par exemple des boissons énergétiques ou qui vous permettra de mesurer votre besoin en eau précis lors d'une course à pied…

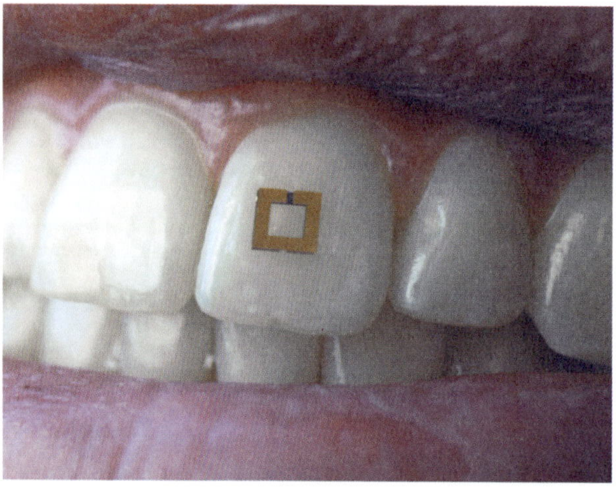

Les capteurs sont composés de trois couches intercalées : une couche centrale « bioresponsive » absorbe le nutriment ou d'autres produits chimiques à détecter, et deux couches externes constituées d'anneaux en or agissent comme une minuscule antenne. Ensemble, ils recueillent et transmettent des ondes différentes selon les nutriments touchés par la dent.

DES PETITS CAPTEURS MONTÉS SUR LES DENTS QUI PEUVENT SUIVRE CE QUE VOUS MANGEZ

CONCEPTEURS : PETER TSENG, BRADLEY NAPIER, LOGAN GARBARINI, DAVID KAPLAN ET FIORENZO OMENETTO

PAYS : ÉTATS-UNIS

LANCEMENT : NC

Des capteurs miniatures développés par des chercheurs de la Tufts University School of Engineering aux États-Unis peuvent être collés directement sur une dent et communiquer sans fil avec un appareil mobile pour transmettre des informations en temps réel sur votre consommation de glucose, de sel ou d'alcool. Les chercheurs promettent une évolution prochaine de ces capteurs pour la détection et l'enregistrement d'une large gamme de nutriments, de produits chimiques et même d'états physiologiques.

L'AÉRATEUR DE VIN

CONCEPTEUR : AVEINE

PAYS : FRANCE

LANCEMENT : 2018

Pour exprimer toute sa personnalité, un vin doit être aéré. Savoir précisément combien de temps est un art. Grâce à l'aérateur connecté Aveine, on nous promet de pouvoir déguster n'importe quel vin dans des conditions idéales... immédiatement ! Il nous suffirait de placer l'aérateur sur la bouteille et de scanner l'étiquette. L'application dédiée sur votre smartphone se charge de vérifier sa base de données et de retransmettre au bouchon ses instructions. Ce dispositif serait utilisable quels que soient le cépage et le millésime. Selon le vin identifié, la chambre d'aération brevetée adapte l'oxygénation grâce à l'injection de la juste quantité d'air au cœur du breuvage.

DEAR SYSTEM, LE TOASTER POÈTE

CONCEPTEUR : LEON BROWN

PAYS : GRANDE-BRETAGNE

LANCEMENT : 2019

Dear system est un toaster qui grillera vos tartines comme tout bon toaster le ferait. Pourquoi le sélectionner parmi ces pages nous direz-vous ? Et bien parce qu'il tente de nous faire réfléchir à la complexité de notre futur ultraconnecté, où tous les objets de notre environnement seront intelligents. Il nous offre une métaphore de la maison du futur en imprimant des bouts de phrases sur nos toasts, faisant la synthèse entre les informations et les aliments que nous consommons. Face à votre table de petit-déjeuner, vous pourrez ainsi vous délecter d'un tweet matinal du président américain ou croquer les résultats de votre champion de tennis, tout en réfléchissant à la surinformation que l'on s'inflige du réveil au coucher…

SOMMEIL

Dans la continuité de notre salon et de notre salle de bains, la chambre à coucher occupe les ingénieurs qui veulent nous offrir la meilleure nuit possible : bienvenue dans l'ère du sommeil connecté !

Cet oreiller mérite le titre de doudou le plus perfectionné au monde : il est littéralement rempli de capteurs pour assurer un véritable suivi médical de votre sommeil. Ces informations sont ensuite analysées par les serveurs de Somnox qui vous délivrent un rapport quotidien.

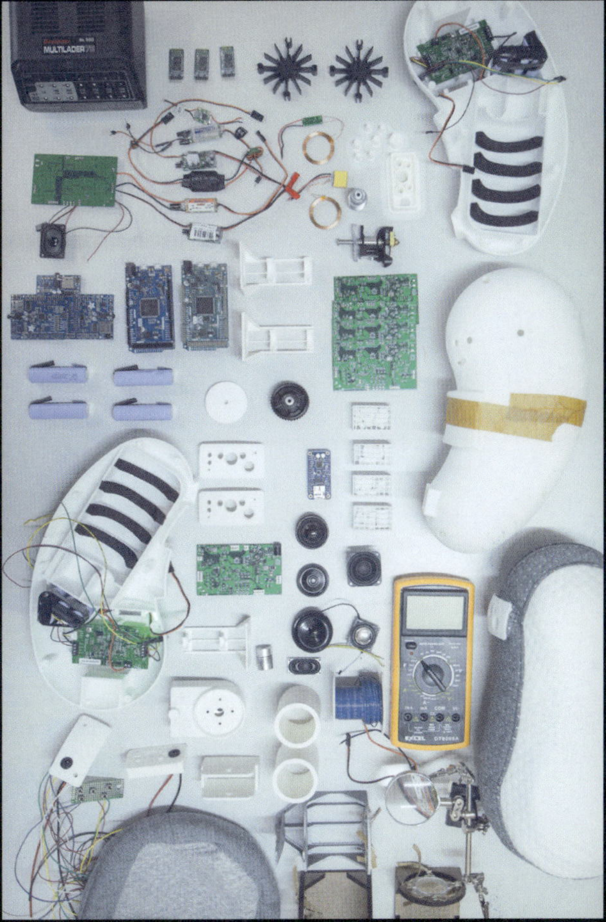

L'OREILLER DOUDOU ROBOTISÉ

CONCEPTEUR : SOMNOX

PAYS : PAYS-BAS

LANCEMENT: 2018/2019

Et si le secret d'un bon sommeil était l'affection ou le réconfort ? Et si, quel que soit notre âge, nous avions besoin d'un objet transitionnel, plus communément appelé « doudou » ? C'est ce que pensent une équipe de chercheurs et d'ingénieurs hollandais. Leur appareil n'est autre qu'un « oreiller doudou » destiné non pas à supporter le poids de votre tête, mais à être enlacé. Et en plus, l'appareil délivrera des sons apaisants, comme un battement de cœur, des berceuses ou des bruits de la nature... selon vos préférences.

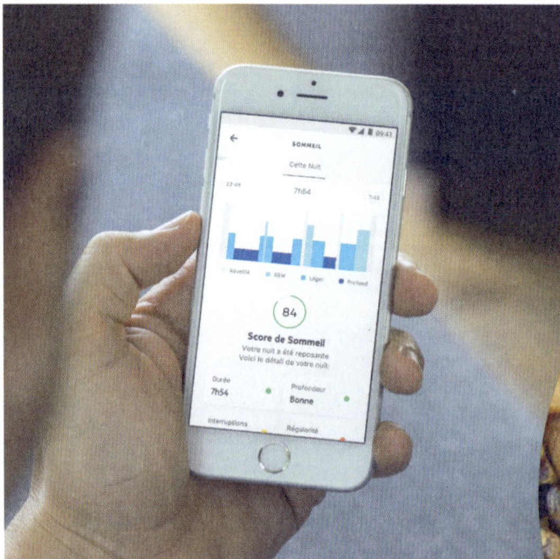

NOKIA SLEEP

CONCEPTEUR : NOKIA

PAYS : ÉTATS-UNIS

LANCEMENT : 2018/2019

Nokia Sleep propose un concept innovant pour mieux nous faire dormir : placé sous l'oreiller, il contrôle la qualité de votre sommeil. Mais surtout, il prend le contrôle domotique de la maison pour que votre environnement nocturne soit parfait. Il augmente par exemple le chauffage s'il fait froid, a fortiori juste avant votre réveil. Ou encore, il actionne les stores de la chambre au moment où vous êtes sur le point d'ouvrir les yeux…

L'OREILLER AU SARRASIN

CONCEPTEUR : HULLO PILLOW

PAYS : ÉTATS-UNIS

LANCEMENT : 2018

Et si la révolution technologique passait aussi par un retour aux matériaux naturels ? On nous propose de mieux dormir avec des oreillers robotisés ou connectés. Des mousses aux propriétés physiques toujours plus étonnantes. Une start-up a eu une idée à contre-courant : fabriquer des oreillers avec des graines de sarrasin. L'oreiller épouse parfaitement la forme de votre tête telle une mousse à retour de forme. L'oreiller respire, ne s'use pas, ne nuit pas à l'environnement et reste propre… Il fallait y penser !

LE SOMMEIL INTELLIGENT

CONCEPTEUR : PHILIPPS

PAYS : PAYS-BAS

LANCEMENT : 2019

Vous n'aurez plus besoin de dormir plus pour vous réveiller avec plus d'énergie ! C'est la promesse de SmartSleep qui proposera en 2019 un casque de sommeil d'un genre inédit. Des capteurs situés dans le casque, en contact direct avec la boîte crânienne, détecteront les différentes phases de sommeil bien plus efficacement que d'autres appareils situés sous l'oreiller ou le matelas. Au meilleur moment du cycle, il émettra des sons inaudibles, des « ondes lentes », semblables à celles que le cerveau produit pendant le sommeil profond...Le sommeil s'en trouvera renforcé !

ORIA, LE PARFUM NOCTURNE

CONCEPTEUR : GUILLAUME ROLLAND

PAYS : FRANCE

LANCEMENT : 2018

L'objectif de Guillaume Rolland, un jeune inventeur de vingt-et-un ans, est d'améliorer le bien-être par les parfums. Pour y parvenir, il a imaginé un appareil « intelligent » qui diffuse des parfums relaxants. Mais pas à n'importe quel moment : la nuit pendant notre sommeil. Et contrairement aux objets connectés qui surveillent votre sommeil, Oria peut fonctionner sans être relié à Internet !

ESPACE

Qu'il s'agisse d'un vol hyperbolique pour aller d'un point du globe à un autre en quelques heures ou d'un séjour de tourisme dans une station orbitale, l'espace sera bientôt accessible à tout un chacun !

Ce jet d'affaires sera capable de se rendre dans l'espace et d'atteindre une vitesse de croisière de Mach 25.

ORIZON, LE JET DE L'ESPACE

CONCEPTEURS : CHARLES BOMBARDIER ET ASHISH THULKAR

PAYS : CANADA/INDE

LANCEMENT : NC

L'Orizon serait développé pour transporter jusqu'à 20 passagers à des vitesses supersoniques partout dans le monde en moins de 4 heures… et même aller dans l'espace ! Les moteurs à admission d'air fourniraient suffisamment de puissance pour décoller et grimper à 30 km d'altitude à une vitesse de Mach 25, puis sortir de l'espace et atterrir sur le plancher des vaches. Il pourrait être utilisé également pour transporter des touristes dans des hôtels spatiaux situés en orbite terrestre basse. Charles Bombardier, son concepteur, rêve même que son appareil puisse se rendre encore plus loin… et soit capable d'alunir !

CIMON, LE CERVEAU VOLANT SELON AIRBUS

CONCEPTEUR : AIRBUS

PAYS : ALLEMAGNE

LANCEMENT : 2018

CIMON (Crew Interactive Mobile CompanioN) est un système d'assistance mobile et autonome conçu pour aider les astronautes dans leurs tâches quotidiennes sur l'ISS, la célèbre station spatiale internationale. Ce sera la première forme d'intelligence artificielle sur une mission de ce type. Il est équipé d'un écran, d'une caméra et d'un micro et son I.A. conçue par IBM doit lui permettre de comprendre, raisonner et apprendre en permanence… afin d'aider son coéquipier humain, l'astronaute allemand Alexander Gerst, dans ses procédures, lui montrer des vidéos et des photos. Pour faire en sorte qu'il ait une oreille sur laquelle se reposer !

UNE BATTERIE... NUCLÉAIRE !

CONCEPTEUR : INSTITUT DE PHYSIQUE ET DE TECHNOLOGIE DE MOSCOU (MTP)

PAYS : RUSSIE

LANCEMENT : 2018

Des chercheurs russes de l'Institut de physique et de technologie de Moscou (MIPT) ont optimisé la conception d'une batterie nucléaire de nickel-63, un isotope radioactif. Leur prototype contient ainsi 3 300 milliwattheures d'énergie par gramme, soit 10 fois plus que l'énergie stockée par les cellules chimiques commerciales. Mais est-ce dangereux ? Une telle batterie peut-elle se recycler ? Que l'on se rassure, ces projets ne sont nullement destinés aux industries commerciales et n'auront pas à être recyclés puisque leur objectif premier est d'étendre l'autonomie énergétique des sondes d'exploration spatiale...

LES PNEUS INCREVABLES ET INUSABLES DE LA NASA

CONCEPTEUR : NASA

PAYS : ÉTATS-UNIS

LANCEMENT : NC

Réinventer la roue est une métaphore symbolisant la perte de temps et de ressources pour tenter vainement de créer quelque chose qui existe déjà. C'est pourtant ce que les ingénieurs du département de science des matériaux de la NASA viennent de réussir : ils ont développé un nouveau concept de pneu pour les véhicules spatiaux qui roulent sur des surfaces extraterrestres. Et comme souvent à la NASA, les inventions sont partagées avec la population civile dès que cela est possible : différents alliages doivent être testés pour offrir une toute nouvelle génération de pneus anti-crevaison pour nos véhicules terrestres.
Ces pneus utilisent un alliage unique leur permettant de « se souvenir » de leur forme initiale.

AURORA STATION SPACE HOTEL

CONCEPTEUR : ORION SPAN

PAYS : ÉTATS-UNIS

LANCEMENT : 2021

Et si vous passiez quelques jours dans une station spatiale ? L'hôtel Aurora vous accueillera dès 2022 ! Mais avant cela, il vous en coûtera 9,5 millions de dollars pour une douzaine de jours à bord… et trois mois de formation dans un centre d'entraînement spécialisé. L'hébergement se veut luxueux : vous retrouverez sur place deux suites pour deux personnes et plus de fenêtres que pour n'importe quelle autre station spatiale. Bien évidemment, un équipage sera présent pour le service. La station ne comportant que 4 places, n'oubliez pas de réserver dès 2019 !

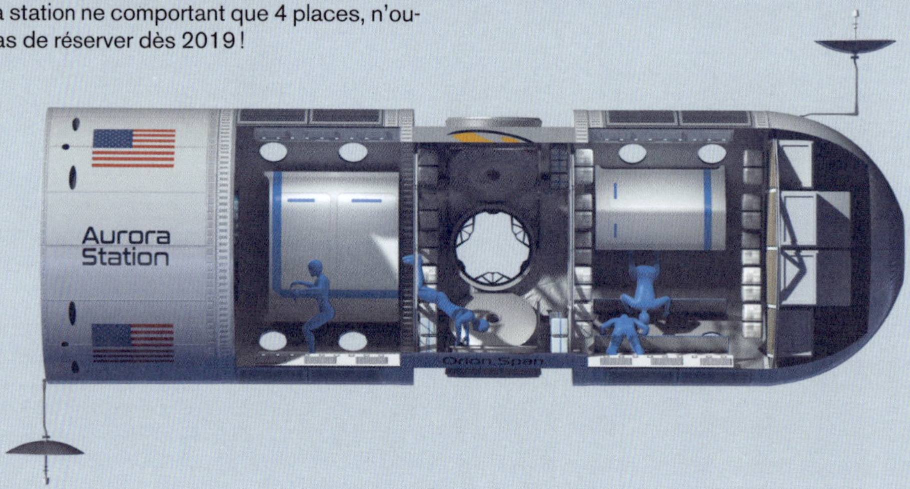

UN SATELLITE SPATIAL IMPRIMÉ EN 3D

CONCEPTEUR : LOCKHEED MARTIN

PAYS : ÉTATS-UNIS

LANCEMENT : 2018

La société d'aérospatiale Lockheed Martin a créé la plus grande pièce jamais imprimée à ce jour pour un engin spatial : un dôme en titane 1,2 m de diamètre et 10 cm d'épaisseur. Sa fonction sera de recouvrir les réservoirs de carburant des satellites. Mais ce n'est qu'un début et bientôt, l'essentiel de la structure du satellite pourrait être fabriqué d'une seule pièce, en appuyant simplement sur une touche !

SPS, LA NAVETTE SPATIALE INDIVIDUELLE

CONCEPTEUR :
GENESIS ENGINEERING SOLUTIONS

PAYS : ÉTATS-UNIS

LANCEMENT : 2021

Les combinaisons spatiales sont fragiles. Chaque sortie dans l'espace est un danger pour les astronautes. Pourtant, certaines actions de maintenance des stations spatiales imposent cette prise de risque. C'est pourquoi la société d'ingénierie spatiale Genesis Engineering Solutions a imaginé le concept de SPS (Single Person Spacecraft), un vaisseau individuel doté de bras robotisés, d'un système de propulsion peu puissant, mais qui protégerait bien plus efficacement l'astronaute, quelle que soit son anatomie. Le SPS resterait toujours attaché à la station mère, et il serait possible d'y accéder par un sas. Les ingénieurs de Genesis espèrent tester un prototype parfaitement fonctionnel d'ici à trois ans…

L'ÉTOILE DE L'HUMANITÉ

CONCEPTEUR : ROCKETLAB

PAYS : NOUVELLE-ZÉLANDE

LANCEMENT : 2018

L'Étoile de l'humanité est un satellite qui orbite autour de la Terre toutes les 90 minutes et qui est visible à l'œil nu dans le ciel nocturne. C'est une sphère géodésique dans le sens où elle possède une forme et des dimensions qui lui permettent de flotter comme un satellite dans le champ de gravitation du globe terrestre. Elle est faite de panneaux hautement réfléchissants qui captent la lumière du Soleil et la reflètent vers la Terre malgré le fait qu'elle orbite très rapidement.

Même si sa toute première version s'est désagrégée, nous attendons avec impatience l'Étoile de l'humanité 2.0. Car bien qu'elle ait été créée par la société d'aérospatiale RocketLab pour des questions de marketing, elle serait un symbole universel visible de tous. L'étoile encouragerait le monde entier à « lever les yeux et à réfléchir sur la place de l'humanité dans l'univers ; à se souvenir que nous faisons partie d'une seule espèce sur une seule petite planète ». En ce sens, l'Étoile de l'humanité serait indéniablement une merveille technologique !

POSTFACE

Et maintenant ?

Quel nouveau chemin, quelle route fabuleuse va prendre l'avenir ? À quoi vont ressembler les nouvelles merveilles technologiques qui existeront en 2030 ? En 2040 ?

Une chose est sûre : notre monde connaîtra bien plus de changements dans les quinze prochaines années qu'au cours du millénaire qui vient de s'écouler. Or, si le paysage qui nous entoure se modifie de plus en plus vite, comment prédire son évolution, même à court terme ? Sur ce point, les futurologues sont de plus en plus nombreux à penser que l'avenir ressemble, d'une certaine façon, à un système chaotique : comment faire une prédiction certaine dans un tel système ?

Le chaos peut être défini comme le degré auquel de très petits changements dans une configuration donnée sont amplifiés au fil du temps. Autrement dit : dans un système chaotique, les minuscules incertitudes sont susceptibles de se transformer, sur une brève période de temps, en phénomènes largement indéterminés – rendant ainsi les prédictions du système impossibles, même à court terme. Dès lors qu'un système est composé d'éléments complexes qui interagissent entre eux, son évolution devient de plus en plus difficile à prévoir. Entre autres, certaines tendances encore peu visibles aujourd'hui sont susceptibles de se transformer en sous-systèmes chaotiques et de ruiner par là même le pouvoir prédictif de nos simulations. C'est le cas, par exemple, de l'intelligence artificielle dont l'évolution à court terme est très difficile à établir. Qui peut décrire avec certitude ce que seront les ordinateurs dans les dix années qui viennent ? On sait qu'une nouvelle génération, celle des ordinateurs quantiques, va prendre le relais des ordinateurs classiques, mais on ne sait rien – ou presque – de ce que seront réellement ces mystérieuses machines. Comment vont-elles agir ? Quels seront leurs pouvoirs ? Que vont-elles faire pour nous ?

C'est peut-être là l'un des aspects les plus fascinants de l'avenir : il devient de plus en plus mystérieux, de plus en plus insaisissable. Nous sentons bien que le monde dans lequel nous allons vivre nous réserve d'étonnantes surprises ; mais nous ne pouvons entrevoir que certains de leurs reflets qui brillent au-delà de l'horizon prévisible. Nous avançons parfois avec une certaine crainte, mais le plus souvent avec émerveillement vers un avenir que nous ne connaissons pas, mais dont nous avons hâte de découvrir les aspects les plus fascinants.

Le taxi Volante Vision d'Aston Martin offrirait une solution alternative pour réduire la congestion urbaine et la pollution dans les grandes villes.

L'architecte Walter Hughes propose un projet de gare aérienne capable d'accueillir les taxis volants de la société Uber 24 h/24 et de façon automatisée.

Dans nos vies de tous les jours, les merveilles technologiques vont transformer notre vision du monde. Quelques exemples ? Prenons tout simplement nos smartphones. On sait que leurs écrans affichent des images en 2D. Mais déjà les ingénieurs travaillent sur des écrans 3D : dès 2020, certains smartphones afficheront des images en 3 dimensions sans que nous ayons besoin de porter des lunettes 3D. Et au-delà, dans quelques années, nos smartphones seront capables de générer de véritables images holographiques : ces images en relief nous paraîtront aussi évidentes que celles qui s'affichent aujourd'hui en 2D sur nos écrans. Et lorsque l'on sait que ces mêmes smartphones seront connectés à notre voiture, à notre maison et même à nos habits, cela nous laisse rêveurs...

Demain, les blousons à régulation thermique vous permettront d'avoir chaud l'hiver et de vous tenir bien au frais pendant tout l'été. À la maison, vous pourrez anéantir 99 % des bactéries grâce à un simple couteau ultraviolet glissé sur les surfaces à stériliser. Plus étonnant : au restaurant, il vous suffira de passer un mini-scanner connecté à votre smartphone sur votre assiette pour connaître la composition exacte des aliments qu'elle contient. Encore plus surprenant : ce smartphone « mou » qui se déforme à l'envi sous vos doigts. Et que dire de ces bulles d'eau transportables qui remplaceront bientôt les bouteilles d'eau en verre ou en plastique ? Ces bulles d'eau sont enveloppées dans une membrane comestible composée d'un extrait naturel d'algues qui se décompose s'il n'est pas consommé en quatre à six semaines.
Enfin, faisons face à cette bouleversante réalité : à brève échéance, l'homme vivra cent vingt ans, cent cinquante ans et au-delà en pleine jeunesse et en pleine santé !

En bref, le monde dans lequel nous allons vivre demain est « technomagique ». Nous vivons l'époque la plus fascinante que l'humanité ait jamais connue. Notre capacité à communiquer et à interagir avec le monde est telle qu'il nous est désormais possible d'enchanter notre vie. Ne gâchons pas la chance inouïe de vivre dans ce monde-là, ce monde où presque tous les rêves deviennent possibles.

N'oublions pas l'avenir.

Shao ; p. 214-215 : © eVolo - Philip Nikandrov, Stepan Kukharskiy, Aleksandr Muraviev, Ivan Mylnikov, Vadim Zamula et Vladimir Travush ; p. 216-217 : © Lazzarini Design Studio ; p. 218 : © HOK ; p. 219 : © eVolo - Seunghwan Jung et Ryeojin Jeon ; p. 220 (gauche) : © eVolo - Claudio C. Araya Arias ; p. 221 : © eVolo - Chunyang Li, Shuai Yang, Zhenhang Zhao, Ruize Xiao et Yuequn Wang ; p. 222-223 : © James Law Cybertecture ; p. 224-225 : © MX3D B.V ; p. 226-227 : © 2018 Robomart, Inc. ; p. 228-229 : © Imaginactive ; p. 230 : © Nuro ; p. 231 : © PIX, FlexLab INC ; p. 232-233 : © TESLA ; p. 234-235 : © CRA-Carlo Ratti Associati ; p. 236 (haut) : © ThreadRobe ; p. 236 (bas) : © Ermi van Oers et Plant-e / www.livinglight.info ; p. 237 (haut) : © heatworks ; p. 237 (bas) : © HyperWash bv ; p. 238 (haut) : © MOAK studio ; p. 238 (bas) : © Wintual ; p. 239 : © Qarnot computing ; p. 240 (gauche) : © Beautigloo® ; p. 241 : ©ToysFilms ; p. 242-243 : © Matthew Carbone HABITAT ; p. 244 : © GentleTent GmbH ; p. 245 (haut) : © KarTent ; p. 245 (bas) : © Sky-Pod World Ltd ; p. 246 : Coutersy of Fabbrica Pelletterie Milano ; p. 247 : Aprilli Design Studio / Courtesy of Radical Innovation ; p. 248-249 : © EoA Inc et Radical Innovation Award ; p. 250-251 : © Imaginactive ; p. 252 : © Imaginactive ; p. 253 : Estefany Goncalves L.A.D - Land and Air Drone by Estefany Goncalves and John Erickson ; p. 254-255 : © Mark Stone - Université de Washington ; p. 256 (haut) : © Fuelium ; p. 256 (milieu droite) : RMIT University ; p. 256 (bas gauche) : © Honda ; p. 257 (haut droite) : © Mark Stone/University of Washington ; p. 257 (milieu gauche) : © Ossia ; p.258-259 : © Hasy ; p. 260 (haut) : © Colin Capelle ; p. 260 (bas) : © Daan Roosegaarde ; p. 261 (haut) : © Conary Enterprise Co., LTD ; p. 261 (bas) : © geizeer ; p. 262-263 : ©Engineered Arts Limited ; p. 264 : © Industrial Technology Research Institute ; p. 265 : © MiniRobot Corp ; p. 266 : © KIT - Laila Tkotz ; p. 267 : © Mark Stone/University of Washington ; p. 268 : © QMUL ; p. 269 : © IIT-Istituto Italiano di Tecnologia ; p. 270 (gauche) : © Roger Moore et l'Université de Sheffield ; p. 270 (droite) : © GEORGIA TECH ; p. 271 (gauche) : © Sharp ; p.271 (droite) : © HONDA ; p. 272-273 : © Juan G Victores et UC3M (University Carlos III de Madrid) ; p. 274 : COURTESY OF MIT ; p. 275 : Laboratory for Intelligent Systems and Informatics Lab, The University of Tokyo ; p. 276 : © Imaginactive ; p. 278-279 : © BRAVE ROBOTICS et ASTRATEC ; p. 280-281 : © The Human Media Lab (HML) ; p. 282 (haut) : Zini Mobiles Ltd ; p. 282 (bas) : © futurocket.co ; p. 283 :Innomdle Lab ; p. 284-285 : Virfit Corp ; p. 286 : © 7Next ; p. 287 : © Oledcomm – MyLiFi® - Design Elium Studio ; p. 288 (haut) : © Motiv, Inc. ; p. 288 (bas) : Crédit Leka - Emmanuel Ollivier ; p. 289 : © Ministry of Supply ; p. 290-91 : © Bionic Boot ; p. 292-293 : Courtesy of roam robotics ; p. 294-295 : © 2018 Sarcos Corp. ; p. 296-297 : © Dani Clode ; p. 298-299 : The BioRobotics Institute ; p. 300-301 : © CMR Surgical : p.302 (gauche) : Felice Frankel - MIT News ; p. 302 (droite) : © Össur ; p. 303 : © 2018 Takao Someya Research Group ; p.304-305 : © 2018 Arconic ; p. 306-307 : © Wyss Institute at Harvard University ; p. 308 (gauche) : © Alliance Rubber Co. ; p. 308 (droite) : © The University of Manchester ; p. 309 : © University of Texas at Dallas ; p.310 : © LinkFlow ; p. 311 (haut) : © IBM ; p. 311 (bas) : © DARPA ; p.312 : © Zipline ; p. 313 : © Joseph Fuqua II/UC Creative Services ; p. 314-315 : © UNIT9, TBWA\Chiat\Day, Machine Shop et Gatorade ; p. 316 : © IBM ; p. 317 : © Lorrie Lejeune- MIT ; p. 318-319 : © Teslasuit ; p.320 (haut) : © Optivent ; p. 320 (bas) : © Bose ; p. 321 (gauche) : © Keisuke Shimakage ; p.321 (droite) : © South China Morning Post ; p. 322-323 : © Magic Leap ; p. 324-325 : © Isobar ; p. 326 (haut) : © Automated Pet Care Products, Inc ; p. 326 (bas) : TEC-FORPET, SAS / Fotolia ; p. 327 (haut) : © iFetch, LLC. ; p.327 (bas) : © Kolony Robotic -Jessica Prescott ; p. 328-329 : © Imaginactive ; p. 330-331 : © Carlo Ratti Associati et Makr Shakr ; p.332 : © Miso Robotics ; p. 333 : © SPYCE FOOD CO. ; p. 334-335 : © Openmeals ; p. 336 : © Fitly ; p. 337 : © Jeff Fitlow/ Rice University ; p. 338-339 : © Marine Brusson ; p.340-341 : © ZUME PIZZA, INC ; p. 342 : © PLANT-BOX ; p. 343 (gauche) : © Samsung ; p.343 (droite) : © LifeFuel ; p. 344 (gauche) : © SilkLab, Tufts University ; p. 344 (droite) : © Aveine ; p. 345 : © Leon Brown ; p. 346-347 : © Somnox B.V. ; p. 348 (gauche) : © Nokia ; p.348 (droite) : © K.G.Kirailla -Wiki Commons ; p. 349 (haut) : © Philipps ; p. 349 (bas) : © Sensorwake Bescent ; p.350-351 : © Imaginactive ; p. 352 : © Airbus ; p. 353 (haut) : © Technological Institute for Superhard and Novel Carbon Materials, Moscow Institute of Physics and Technology ; p. 353 (bas) : ©NASA ; p. 354 : ©2018 Orion Span, Inc. ; p. 355 : © Lockheed Martin ; p.356-357 : © Genesis Engineering Solutions ; p. 358-359 : © Rocket Lab ; p. 360 : © Aston Martin ; p.362 : © Walter Hughes et HUMPHREYS & PARTNERS ARCHITECTS L.P

Responsable éditoriale : Gaëlle Lassée
assistée d'Estelle Hamm et de Tiyana Tasic
Conception et réalisation graphiques : Serge Bilous
Relecture sur épreuves : Nathalie Sawmy
Fabrication : Titouan Roland
Photogravure : Bussière, Paris

ISBN : 978-2-0814-2686-3
N° d'édition : L.01EBAN000533.N001
Dépôt légal : octobre 2018

editions.flammarion.com